优雅绅士Ⅵ

社交
着装读本

刘瑞璞
周长华 编 著
王永刚

化学工业出版社

·北京·

本书将《优雅绅士》西装编、礼服编、外套编、户外服编和衬衫编进行了权威梳理，并对应导入国际国内主流社交的成功案例进行系统分析。为实现本书作为"读本"和自学、团体培训的功能，还加入了相对应的"品位女装方案"并在每章、甚至节后设计了与本章节有关的"练习与思考题"。这一切都秉承着"国际着装规则"的指引，因为她是公认的"绅士着装密码"而成为本书的一大特色。

国际着装规则（THE DRESS CODE）成为国际主流社会的社交规则和奢侈品牌的密码，这与它作为绅士文化发端于英国、发迹于美国、系统化于日本的形成路线有关。本书由服装领域知名学者刘瑞璞教授等编著。全书依照男士国际着装惯例细则展开，逐一探究了当今绅士服的历史演变、传承的文化价值和彰显品位的指引，并且进一步概括西装、礼服、衬衫、外套、户外服的搭配细则、方法和案例、原因进行了系统分析，从而有效地指导男士如何将服装服饰穿着优雅、得体，穿出品位，通过绅士辅导独特语言开启优雅绅士的大门，打造成功的社交形象。本书为建立规范的绅士服饰文化、品牌开发及成功人士着装品位提供了有价值、操作性强和有效的指导，这是一本男士着装的优雅生活方式和绅士文化的权威教科书。

图书在版编目（CIP）数据

优雅绅士Ⅵ．社交着装读本／刘瑞璞，周长华，王永刚
编著．北京：化学工业出版社，2015.5
　ISBN　978-7-122-23669-2

　Ⅰ．①优…　Ⅱ．①刘…　②周…　③王…　Ⅲ．①男服—
衬衣—服饰文化—世界　Ⅳ．①TS976.4

中国版本图书馆CIP数据核字（2015）第079250号

责任编辑：李彦芳　　　　　　　　　　装帧设计：知天下
责任校对：边　涛

出版发行：化学工业出版社（北京市东城区青年湖南街13号　　邮政编码100011）
印　　装：北京虎彩文化传播有限公司
787mm×1092mm　1/16　印张12　字数200千字　2016年6月北京第1版第1次印刷

购书咨询：010-64518888　　　　　　售后服务：010-64518899
网　　址：http://www.cip.com.cn
凡购买本书，如有缺损质量问题，本社销售中心负责调换。

定　　价：58.00元

序言

从公务员制度到着装规则

国际惯例（规则）是人类文明、开放和进步的一个重要标志，具有发达社会指标性的意义。18 世纪英国使臣马格尔尼拜见乾隆帝时，因拜见礼仪争执不下，使当时大清和大英世界上两个最大的国家在外交上大打折扣。时至今日，中国和英国的学术界，还为是行三拜九叩首礼，还是行单膝跪拜礼各执一词。但今天的国际交往很少会出现这种情况，就是有了一个大家相对遵守的国际惯例，它几乎成为国际社会是否按常理出牌的标杆，而有意无意成为主流社会判定和划分发达国家和发展中国家的标签。

随着我国改革开放的深入和加入 WTO 后市场经济的成熟发展，建设"以人为本，服务社会"的服务型政府成为现代政府行政改革的必然，而构成服务型政府的主体国家公务员的形象也引起了社会的广泛关注。与之相比，欧美和日韩等发达与中等发达国家公务员的形象建设已相对完善，但他们都不是以牺牲民族文化为代价，如美国的牛仔裤、日本的和服、韩国的高丽服仍保护得很好，而值得借鉴，其中做好"THE DRESS CODE（国际着装规则）"的功课是成功的关键，同时，它与国家公务员制度建设是同步的。

1. 现代公务员制度的特点

"公务员"一词来源于英文"Civilservant"或"Civilservice"，有文职人员、文官、文职公务员的含义。它发端于 18 世纪初叶的英国，是工业化、城市化发展、政府管理和服务功能增强的必然产物，后为法国、德国、美国和日本等发达国家所采用。随着世界政治管理现代化的进程，我国于 1993 年 10 月 1 日正式推行公务员制度。

自《国家公务员暂行条例》出台以来，我国公务员制度初步形成，但面对开放的深化和交往的国际化、规范化，公务员越来越成为政府形象的代言人，其个体形象直接代表了国家形象，这在外交事务中显得尤为重要。与发达国家相比，我国公务员的着装形象与我国的经济发展和公务员制度建设不相适应，呈现出一种着装形象的发展落后于经济、政治的发展状态。如何建设一个与更有效、更有责任感、更有服务品质的公务员体制相符合的国际化政府形象规则，是我国政府急待研究的新课题。

2. 公务员制度与"THE DRESS CODE（国际着装规则）"

政治制度与国际着装规则相结合并不是现代社会的产物，中国在周代便形成了"舆服制"，即贵族按等级使用马车和服装的制度，尽管这种制度带有明显的封建等级色彩，但从服饰发展史来看它表明了中国很早就进入了服饰番制时代。服饰的使用被列入国家制度之中意味着服饰已经具有了政治、文化和行政的内容，而不仅仅是穿着服装的个人行为，从国家行政制度建设来说"舆服制"就构成了较完备的着装规则传统。所不同的是它的封建色彩浓厚。

具有现代意义的服装规制"THE DRESS CODE"发端于19世纪中叶的欧洲，其中"DRESS"是"穿衣、打扮、装扮"的意思，并暗含特定时间、地点与场合，与"THE"结合就有了"法定、规定、约定"的意义在里边，可见它不是指普通的、随意的装扮，而是讲究的、适宜的、有约定的着装；"CODE"是法规、规范、规则、密码或代码的意思，如果直译的话应为"约定的着装密码"。可以说它是欧洲社会成熟的法律体系的产物，在这里对于我们而言译为"规则"更为合适，因此，从服装行业及社会制度综合考虑"THE DRESS CODE"译为"着装规则"更符合国家的现实意义。在国际权威的维基百科（Vikipedia）中，"THE DRESS CODE"解释为"一种不成文的但为社会（团体）所有成员理解的着装规则"，可见这一规则具有潜伏性、集团性和阶级性。然而正是这些特性激发了服装社会学专家的研究兴趣，例如美国服装专家 Birgit Engel 撰写的《The 24–Hour Dress Code for Men》（《完美男人24小时着装搭配指南》）全方位介绍了男士在不同时间、地点和场合的适宜着装；而日本早在20世纪70年代就系统地出版过《THE DRESS CODE》（国际着装规则）一书，成为社交着装指南。20世纪80年代的欧美、日本等发达国家建立了相应的咨询机构和形象设计师的培训机制，致力于为包括国家公务员、工商管理人员以及白领阶层，提供具有权威性、建设性的形象咨询、设计和实施方案，涉及内容包括色彩、服饰、妆容、心理、行为的社交规则和个案指导性文献与实务。服装是他们社交表现和行为规范的物化形式，它是由"THE DRESS CODE"支配的，是由国际社会外交、公务和商务的服务型特点决定的。因此服装构成的元素与表现形态有明显的标识性和符号性，而这些标识性和符号性又植根于贵族的生活方式和社交习惯，这就决定了这种制度具有高贵的血统。

国家公务员制度规定对公务员进行定期的形象礼仪培训，要求公务员保持高效率的工作状态、良好的精神面貌以及文明礼貌的服务等。而"THE DRESS CODE"正是塑造人们良好的文明素质和人文修养的有效方法。公务员制度和公务员形象仪态规制是内容和形式的关系，两者有着异曲同工之妙，国家公务员制度与"THE DRESS CODE"相结合是时代发展的必然，它应该成为一种国家的意志，因为历史的经验在反复证明这一点。

3. 欧美和日本国家公务员的着装规则

在欧美国家，其本身就是"THE DRESS CODE"的发源地，不仅政府公务员乃至每一个社会成员都受其影响，潜意识按照这一规则进行着装，可以说对"THE DRESS CODE"的运用已经成为文化基因，是一种下一阶层向上一阶层奋斗的目标与规范。即使如此，欧美政府还是通过社交、书籍、网络以及影视等多种渠道来影响和塑造社会的成功形象。

日本对于"国际着装规则"的研究与实践已经走在了世界的前列，早在19世纪明治维新在贵族和工商富贾中，规范的英制着装被视为标志。在第二次世界大战之前它已经成为皇室、贵族和工商界精英的"定番（Basic Item）"。1963年的TPO计划即是日本对于国际着装规则（THE DRESS CODE）的本土化、理论化系统建设的全民化实践与推广，其目的是在日本公众的头脑中尽快树立起最基本的现代男装国际规范和标准，这一计划不仅在1964年的东京奥运会上为日本国民呈现了良好的国际形象，且成为日本国家形象考察的重要指标（整体国民形象和素质甚至高于欧美）和成功案例（不限于社会中上层社会的案例），并受到了国际社会的普遍认可。可以说基于"THE DRESS CODE"的着装番制发端于英国，发展于美国，完善于日本。

4. 我国公务员着装现状

在香港，2005年8月19日香港特区政府公务员事务局向全体公务员发出"合宜的办公室着装指引"，要求公务员在办公室内，不能穿拖鞋及短裤，而且，其着装应配合场合整齐得体。若出席重要会议、正式会议或正式招待会时，男士应穿西装、扎领带，女士需穿西装配裙或西裤。

在我国，对于"THE DRESS CODE"的研究仍然没有引起相关领域的足够重视。这种现象与我国的经济发展水平和国家政治制度建设不相符合，即使经历了2008年的北京奥运会，在公众心目当中，甚至在社交界，对"国际着装规则"不理解甚至排斥的现象很普遍。

我国自古就是礼仪之邦，极为重视服装对于一个人形象、品德的塑造。在古代经典书籍《弟子规》中就有记录"冠必正，纽必结；袜与履，俱紧切；置冠服，有定位；勿乱顿，致污秽。"其中"置冠服，有定位"明确告诉人们服装要与人的身份、地位相称，并规定得很具体。今天，国家公务员着装是它的集中体现，但却没有一整套服装规制作指引。

现今，大多数人认为公务员只要穿西装打领带就可以应对一切场合，其实这是对"国际着装规则"缺乏认识所致。例如，西装这一称谓只是一种笼统的认识，在"国际着装规则"中还细分为西服套装（Suit）、运动西装（Blazer）、休闲西装（Jacket）三种风格及其相应的习惯性组合要素。不同的西装适合不同的时间、地点和场合，并有不同的配服、配饰，可以产生不同的风格、功能和社交气氛。简单地说，西服套装适合公务、商务等正式场合；运动西装具有个性化的暗示；而夹克西装则体现了一种休闲的态度，用在公务、商务的"休闲星期五"。如果不了解这些，就容易出现乱穿衣现象，如在公务场合正式办公时间，穿西服套装却不穿白衬衫，不扎领带，更有甚者，上班时间穿T恤、凉鞋，还有女士着超短裙、拖鞋等现象，这与其说是制度问题不如说是修养问题。所以说关键是如何培养这种修养。

对于公务员着装和办公室着装的制度改革，越来越受到许多地方政府的重视，他们也颁发禁令或规制，然而，这些禁令或改革往往都局限在规定不能穿什么，禁止穿什么的简单层面上，而没有建立起一套指导性规制和操作方法，更不可能从专业的"THE DRESS CODE"出发来指导人们着装，也就不能从根本上取得实质性的效果。

5. 学习"THE DRESS CODE"的快速方法——阅读品位着装框图

提高职场形象已经不单是公务员着装修养了，而成为主流社会文明的风向标，引入"THE DRESS CODE"知识和解读其密码是关键。我国职场着装大致分为两种，一种是制式服装，像军人、警察和执法人员是统一按照国家规定进行着装；另一种是非制式服装，即代表政府、事业单位从事公务和企业商务活动的白领着装。后者，国家或单位并没有对其着装进行强制性规定，因此具有较大的选择性和自主性，但缺乏指导性方案和有效指引，本书就以"公务员及商务着装"为内容来试图填补这个空缺。

制式着装通过标志、色彩与图案的识别系统区别着装者的级别和工作内容，非制式着装则要靠个人的服装知识和修养。源于欧洲贵族和绅士着装礼仪的"THE DRESS CODE"知识系统正是提高个人职场着装修养的指导性原则、方法和成功案例。

对"THE DRESS CODE"知识系统的把握需从五个知识点进行展开才能有效地运用，包括每种类型的标准款式、标准色、标准配服与配饰、标准面料和 TPO 实务。由此举一反三，知识系统里的任何一个类型都可以按照这样的框架结构建立起来。而"THE DRESS CODE"着装体系是通过近两百年的积累形成的，需要作系统的了解，最重要的是作为非"国际服装规则"发源地的我国，要从它的启蒙开始是最重要的。

对于初识"THE DRESS CODE"的公务员和商务人士，如何有效地学习和运用？本书根据"THE DRESS CODE"社交惯例，设计了一整套从礼服、常服到休闲服（户外服）着装的操作流程框图，即以"THE DRESS CODE"明确的（有专属的服装称谓）服装类型为一个基本单元，如塔士多礼服（Tuxedo）、西服套装（Suit）、休闲西装（Jacket）、巴尔马肯外套（Balmarcan）、巴布尔夹克（Barbour coat）等，在每个框图单元中，根据社交的级别和个人条件（职业、性格、风格取向）的不同，划分出优雅、得体、适当和禁忌四种提示。"▲"表示优雅，它所构成的五个知识点有一种最佳的组合即黄金组合，这种组合在社交中最保险，也最可能缺乏个性，因此创造性、与时俱进地运用黄金组合是要有智慧的，但这需要从必然王国到自由王国行走的时间。"△"表示得体，这是低于优雅而可以接受的选择，因为它有更多个性发挥的空间却又不会落入无知的尴尬。框图中空格部分有两种提示，一表示适当，二表示禁忌，对于初识者不建议选择，特别是刚出道的公务员或商务新兵，对于他们太过于困难，难以掌握，但对于精通"THE DRESS CODE"的人士来说倒是游刃有余。不过要想达到这种境界还得从"THE DRESS CODE"的启蒙一步步做起。

刘瑞璞

2015年12月

于北京服装学院

目录

第一章

品位着装从
"THE DRESS CODE"
启蒙开始

  作为公务和商务的品位着装应建立在 "THE DRESS CODE" 基础之上，对这一规则本身的认识和了解是提高职场和社交着装形象的基石，根据国情和社会发展的历史阶段，今天全面地认识与实践也仅仅是个启蒙。

一、为什么 "THE DRESS CODE" 成为社交的国际规则

代表国家形象的公务员如何才能不断提高自身的着装修养？一方面要靠社交场合中的多次历练，通过亲身参与、体会和学习积累着装经验；另一方面通过学习 "THE DRESS CODE"（国际着装规则）系统的着装知识提高着装修养，达到在应对各种社交场合时不至于每次都临阵磨枪或冒险走太多弯路。

"THE DRESS CODE" 之所以能成为我们提高着装修养的法宝，是因为它产生于盛产绅士的英国，并且经过两个多世纪的发展而不断完善，现已成为国际性的着装指引。究其原因，有以下几个。

第一，它植根于英国的贵族法律制度，体现了贵族法律化优雅的生活方式，以至于英国成为世界主流社会追随绅士标准的国度，从古至今产生的名绅大多是英国人，像布鲁梅尔、柴斯特·菲尔德、诺夫克伯爵、英王爱德华七世、温莎公爵、查尔斯王子等名绅建立了一个由其为代表不同历史阶段的绅士体制（图1-1）。第二，工业革命加快了男装的现代化进程，以人为本的人文主义思想和崇尚科学的实证主义精神使男装较早地摒弃了华而不实的装束而选择了简洁的适合人体结构的服装样式，从而确立了英国男装在全世界的领导地位。第三，英语成为世界通用语言，以语言为载体的文化也随之传播到世界各地。"THE DRESS CODE" 作为一种着装的文化也必然为全世界所了解，更为重要的是 "THE DRESS CODE" 并不是一种纯粹的精英文化，而是建立在科学精神与社交实践基础上的，成了社交品质的标签，而成为人们追求的境界。第四，它具有极强的包容性和时代性，善于吸纳其他民族优秀的着装文化而成为世界各种文化的集合体，并且随着时代主题的不同而发生变化。尊重民族习惯和平共处是 "THE DRESS CODE" 的基本准则而成为其他民族的着装文化不可抗拒的特质，这是成为 "国际着装规则" 的重要基础。

现今，随着我国服务型政府的建立，代表政府的公务员形象越来越受到国际社会的关注。掌握和学习这一国际化、科学化和与时俱进的着装规则应成为国家公务员的必修功课。

① 18世纪的名绅柴斯特菲尔德，古典社交的奠基人

② 19世纪的名绅布鲁梅尔，古典社交规制的倡导者和推动者

③ 20世纪的名绅温莎公爵，时尚社交的倡导者

④ 21世纪的名绅查尔斯王子，古典社交的守望者

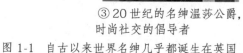

图1-1　自古以来世界名绅几乎都诞生在英国

二、"THE DRESS CODE"从英国贵族俱乐部到社交的规范准则

社交惯例总是按照权贵的规则去制定，贵族又是他们的代言人。贵族（Noble）又称为高贵者，在英国是指那些立下显赫战功的骑士或得到皇帝土地分封的王室宗亲。他们有着一套严格的行为规范，折射着"高贵"的本质。纯正英国血统的贵族风范有着干净整洁的外表、温文尔雅的风度、时尚与品位并重的着装风尚而成为普世价值并受到主流国际的推崇。这是由其成熟的法律体系和悠久传统所决定的高贵特质。

贵族以"礼"作为自身素质的修养，见面有多种见面礼，如鞠躬礼、点头礼、接吻礼等；用餐也有多种礼仪，刀叉使用方式和摆放方式都有明确的规定等，这一切都有相应的服装形制（语言）提示我们。例如礼服按时间分为日间礼服和晚礼服，又按礼仪级别而划分为第一礼服、正式礼服及准礼服。每一种礼服有着自己的固定搭配元素，不可混淆，否则形象会出现问题。我们经常会在英国的赛马会、帆船比赛场合看到女士穿着两件套箱式套装或礼服连衣裙，并戴手套和帽子，男士则必穿表示白天的第一礼服晨礼服和戴礼帽，或它的简装版董事套装。只有这样才能证明他的社交归属。重要的是，是否保持了源于贵族礼仪着装传统每个细节的准确性，这是判断绅士的重要标志，它的纯正性可以成为判定社会地位高低的标签（图1-2）。

①日本首相小泉纯一郎的大礼帽和银灰色领带暗示他穿的一定是晨礼服，并提示他在参加最高级别的仪式

②日本首相换届，首相和内阁成员必须穿晨礼服拍张全家福，这个传统已经保持了一个多世纪，今天仍在继续着

③和④英国每年一度的赛马会，无论王室还是贵族男人必须穿晨礼服

图1-2 晨礼服所构成的一切元素具有规定性

美国代表团

日本代表团

图 1-3　2008 北京奥运会美国和日本代表
团在入场式中穿着 Blazer 西装

对这个案例一定会怀疑它的普遍性，是因为它只发生在发达国家（特别是欧洲）或发达社会。其实这种潜规则渗透在所有的服装类型中，只是把握最好的往往也是最成功的。运动西装（Blazer，也称布雷泽西装）这种很国际化的服装来自英国皇家舰队 Blazer。深蓝色上衣、金属纽扣和徽章搭配浅灰色苏格兰格裤子的装扮，后来它又加入了牛津和剑桥划船赛的体育背景而成了世界贵族俱乐部的经典。至今，这一形制已成为运动精神的文化符号，广泛应用于各国奥运会入场式的礼仪服装中，它不一定是英国，甚至是欧洲以外的国家（图 1-3）。外套体系中的语言程式，几乎可以用一连串的公式去描述它。礼仪级别最高的柴斯特菲尔德外套就是以 19 世纪中叶英国名绅柴斯特·菲尔德伯爵来命名的，今天的国际社交

规制，很多都是由他建立起来的。就柴斯特外套本身而言，从柴斯特伯爵、丘吉尔首相到美国的尼克松、布什、奥巴马历任总统，都无一例外地做足了这种外套的功课，因为它是现代绅士的最后守望者。可见英国贵族的生活方式以及俱乐部运行机制正是 "THE DRESS CODE" 现代社交的基本准则，也是进入理性和成功社交的入场券的根本所在。

三、"THE DRESS CODE" 从绅士的修养 到成功人士的标签

绅士（Gentleman）是中世纪英国一个社会地位仅次于贵族的社会阶层，源于 17 世纪中叶的欧洲，由充满侠气与英雄气概的骑士发展而来。绅士阶层是由一个成熟而足够大的中产阶级作为基础，他给我们的印象往往是考究的着装，文雅的举止，尊重女性，尊重人格，崇尚对传统文化的继承与发扬，充满对生活品质的追求与建构的信心。绅士们的着装也往往成为社会各阶层尤其是成功人士模仿的对象。

在西方服装史里，绅士们的着装往往引导着时尚的潮流，成为流行的风向标。英国的名绅布鲁梅尔就曾领导了 18 世纪末 19 世纪初的男装新潮流。据风俗史家记载，他每天几

乎花 2 小时的时间用来穿着打扮，在着装方面的时髦哲学是"完美的仪表在于不扎眼"，这在今天看来仍然是社交品味的铁则。他喜欢穿着黑色而朴素沉着色调的衣服，打破了当时传统、奢华、繁复的贵族气，奠定了现代男装品质的基调。另一位名绅是维多利亚时代曾两度担任英国首相的政治家蒂斯勒里，在大多数人眼里白天仍然穿着弗罗克大衣（Frock Coat）的时候，他已经穿着三件套的西服套装了，进而引导了 19 世纪西服套装的流行，并成为我们评判现今准绅士的标准。前联合国秘书长安南在 2005 年被美国的男性著名杂志《君子》（ESQUIRE）评为"世界时尚先生"，其入选理由是他简洁讲究的穿着，不追随流行风尚却独具风格，高雅大方。安南穿着经典的黑色套装，双排扣戗驳领搭配白衬衫，深蓝色配波点纹的领带，这件属于礼服里的全天候套装，从礼仪级别的定位到所有细节的规划都无可挑剔。在当今西服套装成为国际社会主流装束的环境下，他仍然穿着略显保守但更为高雅的黑色套装，足见他仍传承者布鲁梅尔的绅士哲学和智慧。无独有偶，2009 年的世界时尚先生颁给了英国王子查尔斯，他多年来一直保持着简洁的穿衣风格，双排扣戗驳领的黑色套装也是他的最爱，再搭配上丝质手巾和斜条纹领带尽显贵族的高雅气质。与之相比，同年世界时尚先生排名第四的美国总统奥巴马则对经典的西服套装情有独钟。它们似曾相识却又有恰如其分的个性表达，不变的是他们都恪守着"THE DRESS CODE"的着装密符（图 1-4）。

相同的事件也发生在国内的时尚界，而结果却不是特别理想。已故影星张国荣是一位成功的艺人，但他更是一位绅士，他的着装之所以为人们所津津乐道，通常认为他曾在英国生活了七年，受到了英国绅士着装文化的熏陶，再加之其大学所学专业为纺织设计。其实在英国即使生活一辈子也不一定能成为绅士，重要的是必须把"THE DRESS CODE"作为修养去关注、去学习、去体验（图 1-5）。因此绅士的成功者总是给我们高贵感、修养感和艺术的敬畏感，绅士不一定是成功者，但成功者需要有绅士的修养。

①安南的黑色套装细微之　②查尔斯王子一身很　③美国总统奥巴马的西服套装准
处与查尔斯王子有所不同　英国化的黑色套装　确无误，但与黑色套装传递的信
　　　　　　　　　　　　　　　　　　　息绝不相同

图 1-4　成功人士带有个性的表达而坚持不变的"着装规则"

①塔士多礼服　　②西服套装　　③布雷泽西装　　④夹克西装

图 1-5　张国荣绅士语言的准确表达

四、"THE DRESS CODE"具有不可抗拒的 文明特质

　　"THE DRESS CODE"之所以能成为国际着装规则不是偶然的，它是伴随着英国工业革命的科学精神和法国资产阶级革命的民主精神以及美国合理主义设计理念，到日本的"拿来主义集大成者"不断发展和完善的，并且以国际通用语言英语为载体传播到全世界。

　　第一，"THE DRESS CODE"具有国际通用语言的载体。它以国际语言英语为传播途径可谓得天独厚，它发端于英国，英语又是国际性通用语言，因此具有为全球所接受的语言基础，提供了全球传播的交流条件。

　　第二，"THE DRESS CODE"具有英国贵族文化背景的绅士风范。它发源于英国贵族俱乐部，带有英国贵族的高贵品质和绅士的德行，崇尚谦虚、内敛、尊礼、自律、独立及自由等。重要的是这些人类理想的良好品质都通过服装这一外在的形式要素以规范知识约束人们的道德行为，时刻提醒其内心修养的重要性。例如，礼服衬衫的颜色必须是白色，这就意味着要经常换洗；领子高而硬挺，这就要求头颈要保持一致而正冠昂视等，这种特质不仅仅是用来装饰外表，更不是表达宗教信仰。

　　第三，"THE DRESS CODE"是以科学为基础讲究功能主义的社交伦理，这容易成为人类交往的普世价值。它所包含的经典着装一方面款式设计以功能性、实用性为原则，外观不仅修身塑形更符合人体工程学的要求。例如，堑壕外套几乎达到了服装仿生学设计的极致，并以形态要素固定下来，事实上由此所建立的服装经典中的任何一个元素都能找到它的科学依据。另一方面它建立起了独特的、科学的色彩体系，规定了服装不同类型的色彩体系特征，而且是在尊重历史和科学的基础上建立的。例如，礼服多以无彩色系黑、白、灰为主色调，有彩色系为辅色调，给人一种高雅、赏心悦目的视觉享受。因此，它有一种通过社交强制的审美教育功能。

第四，"THE DRESS CODE"具有与时俱进的机制。自 19 世纪以来，"THE DRESS CODE"一直伴随着时代主题的变迁而不断发展。新的礼服不断从常服中进化而来代替旧有的礼服。19 世纪燕尾服和晨礼服替代弗罗克礼服从常服升格为第一礼服；20 世纪塔士多礼服和董事套装又取代了燕尾服和晨礼服的地位成为正式礼服；现在黑色套装大有取代正式礼服的趋势而成为准礼服。随着人们着装方式的简化，西服套装将必然会代替黑色套装成为 21 世纪的礼服。同样，常服也会随现代人追求个性的心理需求不断地向细分化、时尚化方向发展。21 世纪的户外服将占据人们日常着装的大部分空间而发展成人们的常服。外套也会越来越短，长外套会慢慢淡出历史舞台。这一切对未来人们着装的预测正是建立在"THE DRESS CODE"知识系统的科学和造型有序上的，也可以说是未来人类时尚的必然趋势。

第五，"THE DRESS CODE"具有包容性和吸纳性的人文特质。它不排斥任何民族传统的服装，更不排斥平民生活方式所创造的人类智慧，发展成为真正国际性的着装规则。比如阿拉伯的大袍、印度的纱丽；中国的中山装、旗袍；日本的和服等都可以与晨礼服、晚礼服并驾齐驱出入同一场合；比如有平民背景的苏格兰格子夹克、达夫尔外套、牧师衬衫（原为蓝领衬衫）等都成为优雅社交的经典。另外，依据"THE DRESS CODE"规则，所有着装类型几乎都可以向女装渗透。

由此可见，不管是礼仪性还是功能性服装，"THE DRESS CODE"形成了完整规范的科学体系和严格且理性发挥的操控方法，这是其他文明的着装习惯所不具备的特质，也是我们加强与国际对话所应学习和掌握的基本知识。我们作为发展中国家如何引进这些知识，亚洲唯一的发达国家日本的经验值得借鉴。

五、日本的成功从引进"THE DRESS CODE" 到 TPO 计划

日本作为亚洲经济和现代文明最为发达的国家，表现在各个领域都跻身于世界前列，服装领域也是如此，如活跃于欧美的世界级设计大师森英惠、三宅一生、高田贤三等都在世界时尚领域发挥着举足轻重的作用，东京也成为亚洲唯一的世界时尚之都。日本的成功不是偶然的，有其历史的必然性和客观性，仅从它对"THE DRESS CODE"的态度就不难理解现代服装文明从政府到国民需要怎样的一种学习精神和理性创新。

日本从明治维新开始便敞开国门虚心向西方学习，19 世纪流行于欧洲的燕尾服和晨礼服也早已成为日本贵族的基本装备，推动日本社会进步的精英们以地道的绅士着装宣誓向西方学习的决心，并建立了标志着进入现代文明的服装番制，直到今天也没有改变（图 1-6）。他们的学习精神并非停留在表面的模仿，而是从系统引进、研究，建立完整的理论体系开

始，培养理论家，完备文献建设，推动本土化，并广泛参与国际外交实践。当代日本的"THE DRESS CODE"理论家出石尚三和堀洋一几乎可以和美国的"THE DRESS CODE"鼻祖阿兰·弗雷泽（ALAN FLUSSER）平起平坐，可以说这个世界化的规则是由日本人理论化的，其最成功之处是用东方人的思维来诠释欧洲人的价值观。这一过程从明治维新开始用了半个多世纪，第二次世界大战前这已经成为上层社会的标志，不过它主要表现在贵族身上。直到 1963 年，日本的男装协会对欧洲的这个着装规则（THE DRESS CODE）进行深入系统引进和研究之后提出了针对提高日本国民着装素质的 TPO(Time、Place、Occasion)计划，主要是为了在 1964 年东京举办的奥运会上树立日本在世界人民面前的良好形象。令人出乎意料的是这一针对提高全民服装修养的 TPO 计划受到了欧美等发达国家的认可并流行开来。同时 TPO 计划对于日本国内服装市场的细分化和进入国际市场提供了基础平台，而成为东京进入世界时装中心的理论基础。

表面上看来，日本的 TPO 计划是从时间（T）、地点（P）、场合（O）三个方面对欧洲的着装规则（THE DRESS CODE）的明确化、系统化研究与实践，而实际上却通过非常便于操作的 TPO 计划树立了国民信心，提升了国民素质。自此日本成为亚洲最发达的国家，而作为关键的指标之一，就是基于"THE DRESS CODE"的 TPO 计划的成功实践。

① 板垣退助，日本第一个政党自由党的创立者、改革家、民权家、伯爵，称为日本的卢梭

② 大久保利通，明治维新三杰之一，主张西方的实业经济强国和内政改革

③ 涩泽荣一，明治维新时期影响日本现代工业的重要实业家

图 1-6 　日本明治维新时期的精英们以地道的绅士着装表明向西方学习的决心

日本的成功，不仅表现在对"THE DRESS CODE"的系统化、理论化、本土化研究和实践上，更令人敬佩的是在主流国际服制的平台下对于和服传统文化的保护、弘扬和推广，使和服与国际主流服装经典平起平坐，成为民族服装国际化的成功典范。与之相比，我们对于国际着装规则（THE DRESS CODE）的学习和研究整体上仍处于一种初级阶段，

理论上并没有形成贵族阶层，也就不存在这个阶层的规则。大众着装更是盲目跟随西方服装的流行。对于民族服装的态度感性大于理性，以获利为核心的功利开发大行其道，这无利于保护代表我们民族精髓的华服，原本高贵的形象和品位已经降到了令人心生厌恶之感，大小酒店的餐厅服务员把华服当作工装来穿，更令人难以接受的是旗袍上面粗糙的机器刺绣、现代金属拉链的滥用都给人一种低廉、俗气之感。这样我们就很难与"THE DRESS CODE"对话，做到真正的与国际接轨。同样具有东方文明气质的日本和服以精致和原生态保护而著称，可以说它对民族文化的有效保护才是对国际规则的最好诠释（图1-7），这正是我们理性地把握民族和国际关系最好的学习对象。

日本皇室盛装的晨礼服（男性）与和服泾渭分明且准确无误　　日本皇室全家福以西服套装（Suit）为主表示常态，美智子皇后也是一身常态和服（非盛装和服）

图1-7　日本对和服的原生态保护与西装共存

六、世界发达与文明区域的 "THE DRESS CODE"指标

用"THE DRESS CODE"指标来判断社会是否发达与文明的这个观点被普遍接受还为时过早，但"THE DRESS CODE"指标越高社会发达与文明的程度也就越高这却是事实。发达国家、发展中国家和欠发达国家三个世界的划分是如此，贵族、白领和平民的社会阶层划分也是如此。值得注意的是发达的本质是文明，这就要区别于高贵与富贵、贵族与暴发户，"THE DRESS CODE"指的是前者，因此它成为高雅和品位的密码；成为一个低阶层向一个高阶层，一个大众集团向一个精英集团祈望的圣经。

英国是"THE DRESS CODE"的发源地，是他们的着装传统，并且通过感同身受、切身体验潜移默化地传承着，显示出高度发达的礼仪文化和审美修养。因此，英国盛产绅士也就不足为奇了，也就成为后续发达国家追随的目标，除了美国和日本，20世纪60年代经济上素有"亚洲四小龙"之称的韩国、新加坡、中国的台湾和香港，其主流社会的着装也遵循"THE DRESS CODE"。新加坡资政李光耀在欢迎英国伊莉莎白二世女王的晚宴上，一身地道的塔士多礼服表明他不仅是政客更是绅士。香港前特首董建华先生在立法会唱票时穿的 Blazer 西装（这种西装组合既有品位又暗示很随意）反映出香港是内地国家公务员最值得借鉴和学习的成功典范（图1-8）。

韩国是亚洲经济强国之一，在"THE DRESS CODE"建设上仅次于日本，通过其历任总统的着装做足了"THE DRESS CODE"功课，可见韩国与主流国际社会为伍的决心。

经济上的发达不等同于文明的发达，也受信仰、宗教的影响，处于世界石油经济中心的阿拉伯国家可以说是世界上最富有的地区，其国家领导人总是一身阿拉伯长袍。当然，这也受到国际社会的尊重，因为宗教文化和自我意识是完全不同的两个概念。表现出"THE DRESS CODE"对宗教和传统文化的包容性和建设性。

世界发达与文明的区域必然是与国际社会"游戏规则"最为密切的区域，"THE DRESS CODE"作为着装"游戏规则"成为世界各国连接的桥梁之一，同样也成为我们辨别世界上发达与文明区域的一个指标。可见 THE DRESS CODE 是国际"富人俱乐部"的政治筹码。这一点作为争取国际话语权的发展中国家绝不能视而不见，也可以说是一种无奈。但"THE DRESS CODE"所包含的科学内核和良好的人文修养是人类共享的愿景也是社交智慧（图1-9）。

①新加坡资政李光耀以一身地道英式的塔士多礼服宴请伊丽莎白女王

②在香港特区第三届立法会选举中，董建华特首（右一）以一身休闲风格的 Blazer 西装说明他的绅士修养，也暗示他亲民的意愿

图1-8　绅士比政客的公众形象更值得褒扬

①阿巴斯被西方认为是按"规则"出牌的人，因为他的服装符合"THE DRESS CODE"而使中东局势缓和

②巴式头巾和现代军服杂糅成为阿拉法特的标志形象，正因如此被西方阵营认为是不按"规则"出牌的人

图1-9　阿拉法特与阿巴斯着装的外交代价

七、从"无知者无畏"到"甚知者颠覆"

对于"THE DRESS CODE"的学习、掌握到成为修养，必然经历从"无知"到"有知"再到"甚知"的阶段，即所谓从必然王国到自由王国，当我们可以天马行空的时候，便感悟到自由境界的享受。着装修养的提高要么通过在各种社交场合亲身体验，要么通过学习书本知识，前者带有一定的功利性，后者可满足着装修学养。当我们不了解"THE DRESS CODE"的时候，在社交场合中的着装可能会我行我素，无所顾忌，正所谓"无知者无畏"。但在社交场合，当你扮演一个重要角色的时候，这种"无知"就变得相当可怕，必然会有损于个体的社交形象，他所属的阶层、团体也会受损。因此，代表政府形象的公务员、代表国家形象的代言人，如发言人、官方电视台主持人等在发达国家是有准入制度的。

"甚知者颠覆"是指对"THE DRESS CODE"非常熟悉却又不想受它的限制时便可以在"THE DRESS CODE"的基础上打破常规，甚至与之背道而驰，但这种反叛会让"无知者"误读到"我做的远不够"。美国已故歌星迈克尔·杰克逊就是这样一位甚知者颠覆的巨星，通过对他童年和青年时代着装的研究发现他曾是一位严格按照着装规则穿衣的人，后来随着名气的增大，个人音乐风格的反叛性，使他为了突破自己而常常穿着七分裤露出白色袜子的塔士多礼服进行演出，原则上违背了"THE DRESS CODE"中关于裤腿要足够长，尽量不要暴露小腿并且要搭配黑色袜子的礼服规则，但这种打扮与他叛逆的音乐风格浑然一体，反而给人一种"就是应该这样穿着"的感觉（图1-10）。这种理性的创意往往会创造一种全新的时代风尚。因此当今中国的服装环境缺少的不是创新而是规则，不是时尚而是优雅。

①杰克逊颠覆了塔士多礼服不能配黑衬衣和必系领结的习惯

②杰克逊颠覆了塔士多礼服不能配不长不短的裤腿露白色袜子的惯例

③杰克逊颠覆了塔士多晚礼服不能用在白天的习惯

图1-10 甚知者颠覆的时代先锋迈克尔·杰克逊

八、规划成功者衣橱的路线图

"THE DRESS CODE"是建立在英国贵族的生活方式基础上的，对其的学习不能仅仅从衣着的角度去理解，而应了解其本质——优雅的生活方式。莎士比亚曾说："不是拥有了财富就可以成为贵族，贵族需要三代人的脱胎换骨。"可见代表中国中产阶级的公务员和商务精英们要率先建立良好的着装形象，其关键是培养优雅的生活方式，成功者对于着装问题，绝对要视为一种修养的生活哲学。

公务员和商务人士作为社会的中坚力量，对于树立良好的国民形象起到榜样作用。"THE DRESS CODE"虽是着装的规则，但优雅的生活方式才是其本质。把"THE DRESS CODE"作为必修课不是简单地追求贵族和绅士的穿着方式，更为重要的是通过着装提高人文修养，塑造谦虚、内敛、敬业、朴素、尊礼及自律的优秀品格，为社会大众树立学习楷模。

对于这种修养的培养，学习的第一步就要从规划衣橱开始，整体上可以从横向和纵向两

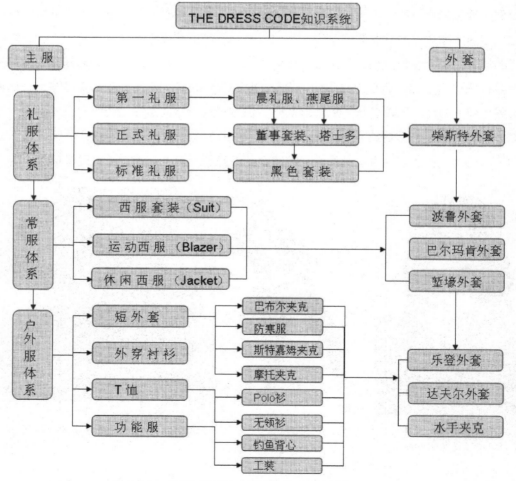

图 1-11 "THE DRESS CODE"全悉知识系统

个方面进行规划。横向规划是按照"THE DRESS CODE"（国际着装规则）把服装划分为礼服、常服、户外服及外套四大类。纵向规划则是从量到质的积累，量是指服装的数量，衣橱的基本配置是根据经济条件和职位保证基本的生活、工作和社交所需。衣橱的升级配置则是随着职位的升迁，出席场合范围的扩大而提供更多的着装选择和搭配余地。到了顶级配置则达到了质的飞跃，也可以理解是一种成功者的规划主要表现在对"THE DRESS CODE"更加完备的认知。衣橱配置从量到质的演变也反映出职场职位不断升迁的轨迹。总之，要先整体认识和有效地学习"THE DRESS CODE"的系统知识（图1-11）。

　　学习"THE DRESS CODE"的系统知识要从五个知识点进行详细的解读，包括服装的标准款式、标准面料、标准色、标准搭配与TPO环境（图1-12），它具体到每一款服装。前四项是根据服装产生的历史背景来掌握，最后的TPO环境体现了历史与现代、国内与国际的结合，是与时俱进的和本土化的表现，从中提炼出更加适合的范围（图1-13）。从有可能出席的场合中归纳出公式化场合，即以婚礼仪式、告别仪式和传统仪式为主；公务、商务正式场合，以日常工作、国事访问、正式访问、正式会见、正式会议为主；公务、商务非正式场合，以休闲星期五、工作访问、非正式访问、非正式会见、非正式会议为主；非公务休闲场合，主要以私人访问、周末休闲度假为主。

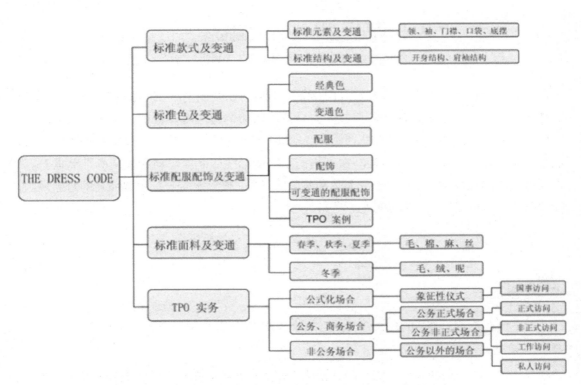

图1-12　"THE DRESS CODE"的五个知识点和相关信息

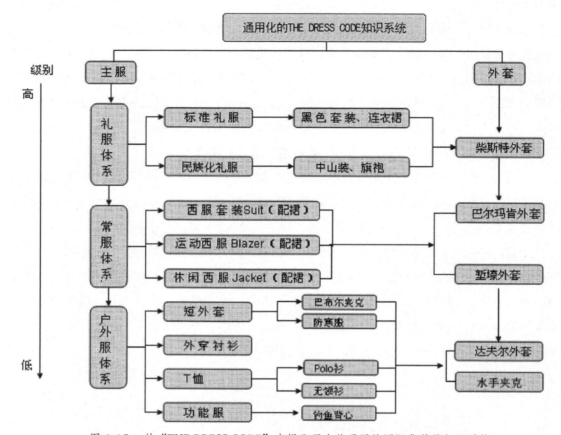

图1-13 从"THE DRESS CODE"中提取男女装通用的国际化着装知识系统

根据以上分析,以西服套装(Suit)为例,可以将服装的主服、配服及配饰设为横坐标,各种适用场合为纵坐标,两者所形成的交会点为着装的适应度,标识符号按照适应度的不同划分为禁忌、适当、得体和优雅四类,"空格"代表禁忌与适当,"△"代表得体,"▲"代表优雅,即黄金组合,见下表。在表格的左下角标注服装的面料和着装的细节信息。整张表格以严密的逻辑、实物的形象表达和简单的符号,概括出每一款经典服装的着装规则,仔细研读可以提高我们的着装修养。

训练题

1. 什么是"THE DRESS CODE"?什么是TPO?它们的关系是怎样的?并找出国际化的案例。

2. "THE DRESS CODE"知识系统中的五个知识点是什么?都有哪些服装类型?

3. "THE DRESS CODE"服装类型中,哪些是最通用国际化的部分?

4. "THE DRESS CODE"服装组合方案中四个"适应度"是什么?如何识别?

表1-1 以西服套装(Suit)为例介绍国家公务员衣橱配置方法

▲黄金组合 △得体组合(可选择项) 空白格有两种可能:一种为适当(不建议) 一种为禁忌

常服—两服套装的着装规则

服装礼仪级别 / 适用场合	主服 SUIT 以深蓝、藏青色为宜	裤子 与上衣同质同色	马甲 与上衣同质同色	配服 白衬衫	高明度浅色衬衫	牧师衬衫	条纹衬衫	格子衬衫	外穿衬衫	配饰 阿斯克领巾	银灰色领带	黑色领带	明亮色领带	暗色领带	抽象图案	不规则图案	真象图案	黑色袜子	灰色袜子	运动袜	鲜色袜子	黑色系带牛津鞋	便鞋	篮球鞋
公式化场合 婚礼仪式	深蓝	▲	△	▲	△	△	△	△			▲		△	△	△		△	▲	△	△	△	▲		
告别仪式	深蓝	▲	△	▲	△	△	△	△			△	▲	△	△	△		△	▲	△	△	△	▲		
传统仪式	深蓝	▲	△	▲	△	△	△	△			△	△	△	▲	△		△	▲	△	△	△	▲		
日常工作	银灰色	▲	△	▲	△	△	△	△			▲		△	△	△	△	△	△	△	△	△	△	▲	
公务(商务)正式场合 国事访问	深蓝	▲	△	▲	△	△	△	△			▲		△	△	△	△	△	▲	△	△	△	▲		
正式访问	▲	▲	△	▲	△	△	△	△			▲	▲	△	▲	△	△	△	▲	△	△	△	▲		
正式会见	▲	▲	△	▲	△	△	△	△			▲		△	△	△	△	△	▲	△	△	△	▲		
正式会议	▲	▲	△	▲	△	△	△	△			△		△	△	△	△	△	△	△	△	△	▲		
公务(商务)非正式场合 休闲星期五	银灰色	△	△	▲	△	△	△	△	△	△			△	△	△	△	△	△	△	△	△		▲	
工作访问	△	△	△	▲	△	△	△	△	△	△	△		△	△	△	△	△	▲	△	△	△	△		
非正式访问			△	▲	△	△	△	△	△	△			△	△	△	△	△	△	△	△	△	△		
非正式会见			△	▲	△	△	△	△	△	△			△	△	△	△	△	△	△	△	△			
非正式会议			△	▲	△	△	△	△	△	△			△	△	△	△	△	△	△	△	△			
非公务休闲场合 私人访问	△	△	△	▲	△	△	△	△	△	△			△	△	△	△	△	△	△	△	△	△	△	
周末休闲			△	▲	△	△	△	△	△	△			△	△	△	△	△	△	△	△	△	△	△	

注:1. 两服套装春、秋、冬面料以中厚精纺毛织物为主;夏服以棉、麻、毛、丝与人造纤维混纺的薄型织物为主。
2. 除了民族习惯、气候等特殊情况,一般不允许配戴帽子;可配戴高品质的手表及结婚或订婚戒指。

|| 第二章 ||

学习礼服知识
从认识细节开始

"THE DRESS CODE" 视礼服为社交的第一着装，因为，它不仅是人们从事社交时最受关注的部分，也是社交中传递、识别、交流信息的载体和符号，这也就是它更能集中表现为绅士社交秘籍的原因所在，在主流社会它是上层社交场合的入场券。因此，从礼服知识开始系统的学习，最能了解和认识 "THE DRESS CODE" 的本质特征。

根据一百多年的社交积淀，礼仪级别的划分已经完全程式化了，即第一礼服为晨礼服和燕尾服，正式礼服为董事套装和塔士多礼服（包括夏季用梅斯），准礼服为黑色套装。礼服的分类和规则极为严格，这与英国社会崇尚贵族讲究繁复细致的生活方式有关。按着装时间，礼服可划分为日间的晨礼服、董事套装和晚间的燕尾服、塔士多礼服（夏季用梅斯），而黑色套装为全天候礼服。根据惯例它们有相对自由的搭配选择，但在时间元素的应用上，晚上与白天使用的元素不能混淆，这几乎可视为绅士的禁忌。可见一位成功人士要想穿对礼服、穿出品位就必须了解 "THE DRESS CODE" 的密码。

一、礼服细节的成功者秘籍

　　国际化礼服经历了近两个世纪的发展与变革，可谓历久弥新，已形成程式化格局。不同时间穿不同的礼服，并且配服、配饰也不能随意更改，如此，才能将礼服的传统传承下来。因此，礼服细节的讲究也很重要。

（一）礼帽的讲究

　　产生于英国维多利亚时代的天鹅绒大礼帽是燕尾服和晨礼服的经典搭配，其礼仪级别最高，一般不适用于其他礼服。在一些隆重的场合，比如婚礼仪式、王室或国家盛典等，

■■■　大礼帽

■■□　圆顶礼帽

大礼帽和圆顶礼帽已成为社交的公式化道具，可以用也可以不用，但不能用错乱

■□□　软呢礼帽

软呢礼帽属于非正式礼帽，它更多表达怀旧的情思

图 2-1　大礼帽、圆顶礼帽和软呢礼帽的礼仪级别及着装实例（■越多礼仪级别越高）

大礼帽与燕尾服和晨礼服搭配为黄金组合，标准色也只有黑色和银灰色，质地为天鹅绒和羊绒，这是一种程式，如果大礼帽出现在这以外的组合，那就犯了绅士着装的禁忌。圆顶礼帽礼仪级别仅次于大礼帽，它只跟董事套装、塔士多礼服和黑色套装组合，除此之外的任何组合，都可视为"圈外人"。软呢礼帽又称为汉堡帽，它是当今使用最为广泛、包含种类最丰富的礼帽，其基本构造是帽顶成一字纵向凹陷，帽檐两侧微卷，用软呢面料制作。软呢礼帽就像西服套装一样可以成为全天候礼帽，颜色以黑色（或深蓝色）、灰色为主，礼仪级别仅次于前两者，主要与黑色套装、西服套装组合（图2-1）。因此，贵族、成功人士甚至判断是不是一部具有内涵的影视大片，从礼帽细节就可得知（图2-2、图2-3）。

图2-2　威廉王子和哈里王子在日间正式场合穿黑色套装配圆顶礼帽和钩柄手杖是一种经典

图2-3　卓别林穿黑色套装配圆顶礼帽的经典形象在那个时代被固定下来

（二）领结、领带与阿斯克领巾的佩戴

从领结短小的造型我们可以看出它属于晚间元素，因为晚上的宴会比较多，而搭配细长的领带很容易使领带的尖端部分掉进餐盘里，这样极为不雅，所以领结成为晚礼服的标志。领结大致可分为黑领结、白领结和花式领结三种，其中白领结的礼仪级别最高，其次是黑领结，花式领结最低（图2-4）。白领结与燕尾服搭配，成为燕尾服的代名词；黑领结与塔士多礼服搭配，是塔士多礼服的标志性元素；花式领结往往与装饰塔士多礼服搭配，表示非正式晚礼服的暗示。因此，很多社交场合里为告知参与者的着装，请柬上往往会注明"请系白领结"或"请系黑领结"的字样，以此提示参与者的着装为燕尾服或塔士多礼服，如果没有按要求赴邀后果会很严重，可能会出现被拒之门外的尴尬。

领带与阿斯克领巾（Ascot Tie）为白天的搭配元素，领带以银灰色礼仪级别最高，往往与晨礼服和董事套装搭配，也是最通用的领带装饰（见第四章的"领带的讲究"）。阿斯克领巾（Ascot Tie）产生于19世纪末的英国，名字来源于阿斯克传统的皇家赛马会（Royal Ascot），其系法类似领带但比领带要宽松、自由，与礼服搭配系在翼领衬衫的外面，用镶有宝石、金银球饰的饰针进行固定，除了表示它是日间礼服外，比领带更具传统和复古的风格特点，故也是地位和身份的象征。不过它有两种表现形式，即用于正式场合，比如结婚仪式等，后又推广到日常服装当中，其系扎的方法也由衬衫领的外面移到了里面，以体现这是一种讲究的休闲打扮，切记不要当成礼服的装束（图2-5）。

图2-4　适用晚礼服的领结礼仪级别、系领结步骤及着装案例

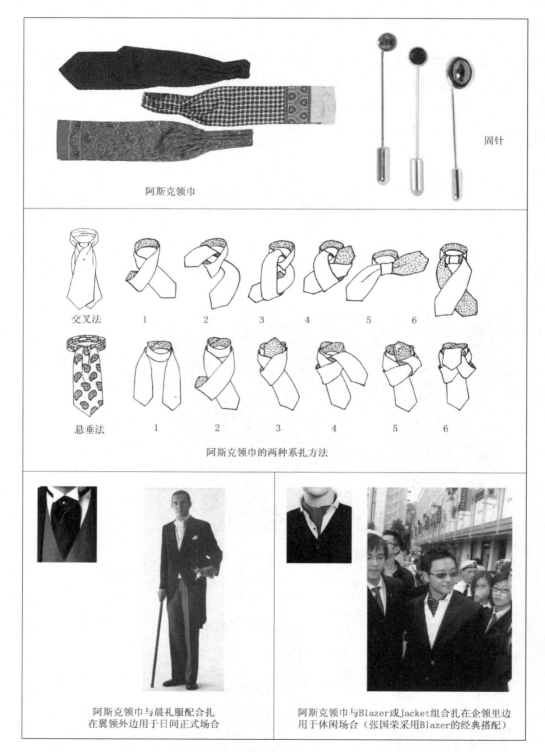

阿斯克领巾

固针

交叉法　1　2　3　4　5　6

悬垂法　1　2　3　4　5　6

阿斯克领巾的两种系扎方法

阿斯克领巾与晨礼服配合扎
在翼领外边用于日间正式场合

阿斯克领巾与Blazer或Jacket组合扎在企领里边
用于休闲场合（张国荣采用Blazer的经典搭配）

图 2-5　阿斯克领巾、固针、系扎方法与着装案例

（三）礼服衬衫细节的品质

礼服衬衫根据适用时间的不同，可分为日间礼服衬衫和晚礼服衬衫；根据领型的不同又分为翼领衬衫和企领衬衫；根据袖卡夫的不同还分为单卡夫衬衫和双卡夫衬衫。

日间礼服衬衫穿着时暴露较少，故款式造型简洁，胸前没有任何装饰；晚礼服衬衫穿着时暴露较多，胸前有 U 型硬衬胸挡或竖向褶裥装饰。尽管白衬衫在礼服中为必选，但领口和袖口为白色，衣身为浅蓝色的牧师衬衫也不失为一种表示很有个性的选择。这种牧师衬衫是美国人创造的经典，它与董事套装和黑色套装搭配是一种英国加美国的国际组合（图2-6）。

翼领衬衫是礼服衬衫的古典版，具有传统的英伦元素。衬衫袖卡夫有单层和双层之分，双层袖卡夫为法国式，需要与贵金属制作的链扣配合使用，礼仪级别要高于单层卡夫。礼服衬衫胸前的纽扣多用宝石、贵金属制作，是财富和地位的象征。另外，传统礼服衬衫的领口和袖口部位要露出外衣 2cm 以上，这是标准绅士服装的重要判别指标（图 2-6）。

（四）礼服背心与卡玛绉饰带

背心（Vest）大约产生于 17 世纪，当时它与外衣究斯特科尔组合穿用，有袖有领，衣长略短，穿着时所有的扣子都要系上，配合外衣纽扣不系的习惯。到 18 世纪，究斯特科尔被禁止使用华丽面料和过分装饰，于是穿在里面的背心便成为装饰重点，常采用织锦缎等华丽面料。背心真正成为礼服不可分割的配服，包括它形成独特的形制是在 19 世纪，基于在社交中外衣穿脱顺畅的考虑，贵族们把背心露在外面的前身使用华丽面料而看不见的后背用滑爽的里子绸来制作，后来演绎成保护隐私（使腰带不暴露）升格为考究的符号。这种习惯在社交界一直延续至今（图 2-7）。当然，今天的背心用途更为广泛，只有在西服套装中常采用同质、同色的面料来制作上衣、背心和裤子，称为三件套，可以说它是究斯特科尔时代的活化石。因此，有背心的西装组合在社交界始终是一种"考究"的符号，也是礼服不可缺少的要素。2010 年，英格兰征战世界杯时的队服，一色的三件套西服套装，体现出英国人的绅士品质，其实它隐含着"究斯特科尔情结"，这是一个非常典型的绅士文化的渗透和延续（图 2-8）。现代意义上的礼服背心仍延续着旧的规制，它们虽然都具有简化的趋势，但番制规定仍很明显。从穿着时间上，划分为日间礼服背心和晚间礼服背心；从款式上划分为单排扣礼服背心和双排扣礼服背心；从风格上划分为传统版礼服背心和现代版礼服背心。晨礼服和燕尾服的礼服背心都属正式礼服背心，但在造型习惯上明显不同。燕尾服礼服背心的领子开得很深，便于露出胸前的装饰，背心底边还要露出燕尾服正面底边的一小部分，从形式上显得更有层次感，标准色为白色。晨礼服背心相对保守，为单排扣或双排扣的高开领款式，标准色为银灰色。

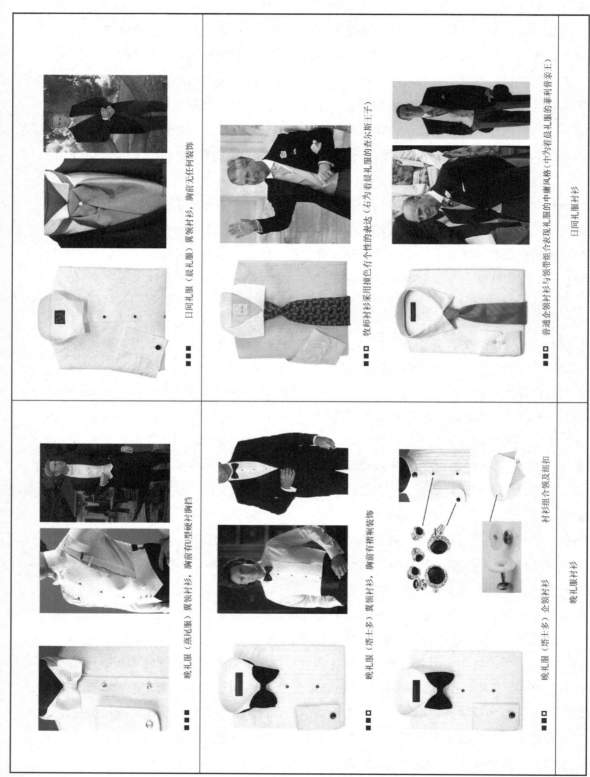

日间礼服（晨礼服）翼领衬衫，胸前无任何装饰

牧师衬衫采用撞色有个性的表达（右为着晨礼服的查尔斯王子）

普通企领衬衫与领带组合表现礼服的中庸风格（中为着晨礼服的菲利普亲王）

日间礼服衬衫

晚礼服（燕尾服）翼领衬衫，胸前有U型硬胸衬胸裆

晚礼服（塔士多）翼领衬衫，胸前有褶裥装饰

晚礼服（塔士多）企领衬衫

衬衫组合领及纽扣

晚礼服衬衫

图 2-6　礼服衬衫的分类搭配特点

| 17 世纪的究斯特科尔 | 18 世纪的究斯特科尔 | 19 世纪的晨礼服 | 20 世纪的三件套装 |

图 2-7　17~20 世纪的究斯特科尔与背心的演变

①英格兰队的三件套西服套装的左胸徽章为 Blazer 的俱乐部标志

②英格兰三件套西装队服保持着纯正的"英国血统"

图 2-8　2010 世界杯英格兰队运动版的三件套西服套装队服

　　卡玛绔饰带多用于晚礼服背心的简化形式，来源于印度男子的布带腰封。当时英属印度殖民地里的英国士官们参加晚宴穿着有背心的燕尾服太热，于是他们借用印度男子的腰封来代替背心，既能遮盖住裤腰部位不失礼节又避免了炎热带来的不适，后演变成与正式晚礼服的塔士多和梅斯搭配的美国东海岸风格。燕尾服背心也有借鉴卡玛绔饰带的趋势，但白色视为经典。董事套装的背心被视为标准版背心，为单排六粒扣四个口袋。另外，与礼服的深蓝色、黑色等深色系对比，银灰色背心和白色衬衫在色彩上给人一种干净、整洁之感。黑色套装和西服套装背心为六粒扣标准款式，但颜色质地与外衣相同。在穿着时，单排扣背心的最后一粒纽扣不系，除具有活动方便功能外，也成为绅士着装的符号（图2-9）。

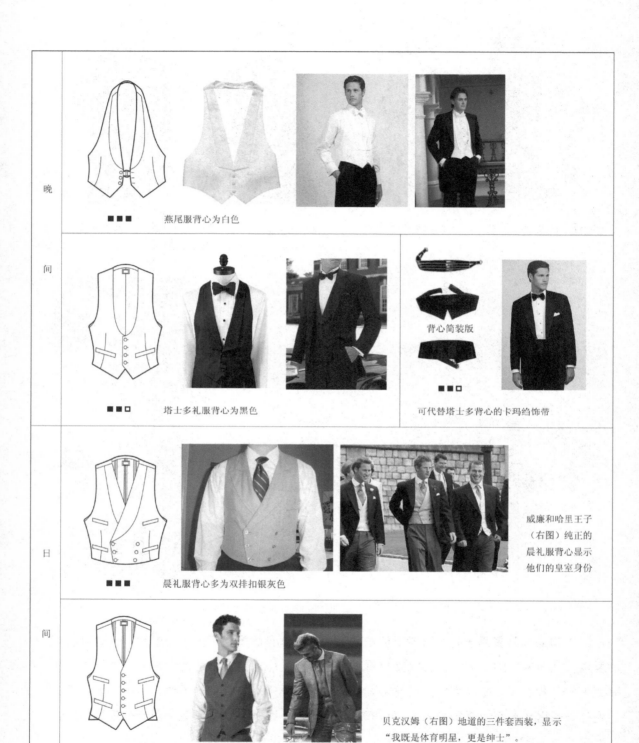

晚

间

日

间

■■■　燕尾服背心为白色

■■□　塔士多礼服背心为黑色

背心简装版

■■□

可代替塔士多背心的卡玛绉饰带

■■■　晨礼服背心多为双排扣银灰色

威廉和哈里王子
（右图）纯正的
晨礼服背心显示
他们的皇室身份

■■□　与上衣同质同色的标准背心组成西服三件套

贝克汉姆（右图）地道的三件套西装，显示
"我既是体育明星，更是绅士"。

图 2-9　背心的礼仪级别和着装案例

（五）礼服裤子的搭配

越正式的礼服穿戴上最容易出现错误的是裤子，因为它的细节最容易被忽视，更疏于对礼服裤子的形制和搭配程式的了解。如燕尾服搭配双侧章与上衣同质同色的裤子；塔士多礼服搭配单侧章裤子；晨礼服搭配无侧章黑灰条相间的裤子。可见带侧章的裤子用于晚上，而黑灰条相间的裤子则用于白天。董事套装既可搭配黑灰条相间的裤子，也可搭配与上衣同质同色的裤子。因黑色套装具有全天候礼服的特点，可以与有侧章的裤子搭配用于晚上，与黑灰条相间的裤子搭配用于白天，也可以与同质同色的普通西裤搭配为通用礼服。总之，在使用时间相同的情况下，高级别礼服裤可以用于低级别礼服中，反之低级别礼服裤用于高级别礼服中是一种冒险的选择，可能会跌出"禁忌"的危险（图2-10）。

（六）鞋和袜子的细节

判断一个人在着装上是否有修养，从鞋和袜子的细节观察最明显。基本的规制应该是与礼服搭配的鞋和袜几乎全是黑色，可见黑色袜子与鞋子搭配的礼仪级别是最高的，灰色袜子礼仪级别稍低，使用白色和有花纹的袜子在礼服中为禁忌。黑色漆皮鞋与燕尾服和塔士多搭配只用于晚上；黑色牛津鞋与晨礼服、董事套装、黑色套装搭配则用于白天（图2-10）。

二、礼服知识的学习与实践

对一位成功人士来说，礼服虽然常用，但不能不知，尤其是在当今国际交流日趋频繁的形式下，礼服知识最能体现出一个人的着装修养，更重要的是它所具有的程式化搭配方式是时尚流行把握的原则。而成功表象是看他对这个规则理解得是否到位，稍不留意往往在细节上就会犯低级错误，比如把用于晚间的漆皮鞋穿到了白天、把黑灰条相间的裤子用到了晚间，这是缺乏修养的表现，那么"规则"的学习就显得很重要了。

（一）礼服知识学习的路径

受人们生活节奏加快和着装简约化趋势的影响，除传统、隆重的场合之外，作为第一礼服的燕尾服和晨礼服使用频率越来越低。因此，正式礼服的塔士多礼服、董事套装以及黑色套装成为社交正式场合中的首选。尽管第一礼服已很少使用，但现今礼仪场合中的着装方式仍是第一礼服的延续，从传承有序的历史感来学习礼服知识，其目的是"可以不用但不能没有，可以没有但不能无知"。

包括燕尾服和晨礼服的第一礼服适合于稳定的、传统的、隆重的重大仪式、颁奖典礼及音乐会等，大多数人难有机会进入这些场合，所以，有机会进入这种场合的人物也一般不定制，而是租赁。如美国前总统布什受英女王邀请参加的盛大晚宴时穿的燕尾服就是租

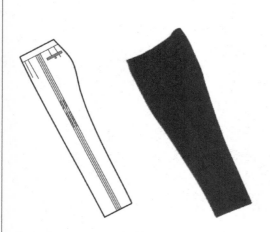

双侧章晚礼服裤与燕尾服搭配，配黑色漆皮鞋和黑色长筒袜

美国总统布什穿燕尾服迎接英女王举行盛大晚宴

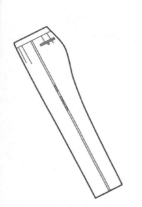

单侧章晚礼服裤与塔士多搭配，配黑色漆皮鞋和黑色长筒袜

法国总统萨科齐穿准塔士多礼服和夫人布吕尼在总统府举行晚宴迎接贵宾

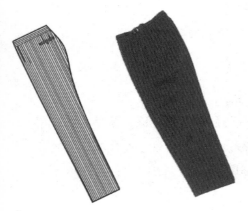

黑灰条礼服裤与日间礼服搭配，配黑色牛津鞋和黑色长筒袜

日本新首相鸠山由纪夫身穿晨礼服就职后向身穿晨礼服的天皇呈交御准书

图 2-10　礼服裤子、皮鞋和袜子的搭配

用的，因此，发达国家礼服租赁业很发达。所以，在国内通过亲身体验的社交方法学习礼服知识显得不现实。而通过学习书本知识和各种媒体信息来搜集成功案例也不乏是一种好思路，我们可以通过观看国外影视大片、诺贝尔颁奖典礼、奥斯卡颁奖典礼、王室大婚、维也纳新年音乐会、英国 Ascot 赛马会、日本首相就职典礼等重要活动间接体会第一礼服的魅力。另外，互联网也是我们学习的好平台，如 www.dresscodeguide.com（衣着指引密码）、en.wikipedia.org（维基百科）等网站都为我们的着装提供了参考意见和礼服实践的真实社交场景，前提是要做好"THE DRESS CODE"功课。

通过什么途径和实务去把握很重要。第一，礼服源于英国上层社会包括贵族、绅士等讲究品味的生活方式，了解其生活方式对于理解礼服的讲究与搭配方式至关重要，包括阅读、观看严肃的文学、影视作品；第二，从着装的时间、地点和场合（TPO）入手分清主服与配服、配饰的礼仪级别及使用时间的不同所表现出来的整体特征，如晚礼服暴露多，较开放、面料华丽、光泽感强，而日间礼服相对保守、面料朴素；第三，礼服的程式化大于功能性，需从标准款式、标准色、标准搭配、标准面料和 TPO 实务五个知识点加深对礼服程式化的认识与实践；第四，了解礼服变通方式的基本规律，即同一时间内，高级别礼服元素用于低级别礼服容易，反之要慎重，相邻级别礼服元素流动容易，反之要慎重。作为不谙门道者最保险的方法就是找出每种礼服的"黄金组合方案"，因为这是社交中优雅、得体、适当和禁忌四种"适应度"最可能实现优雅的方案。这是理性运用礼服元素的基本准则，要多观察与实践，才能理解和掌握礼服的着装知识。

（二）预测礼服流行趋势的技巧

通过对礼服知识的解析，可以得知礼服的确定性、程式性和保守性特点，因此也会片面地认为礼服是不能越雷池一步的。其实，礼服与其他服装一样也具有流行性和时代性，只是在表达上更为含蓄和秩序，往往体现在更迭性、细节设计和面料上。重要的是要结合礼服发展历史、生活方式的改变以及科技发展来全面把握其流行规律，最有效的判断就是把握历史递进在形制上的传承性和更迭机制。

首先，礼服的传承性和更迭机制从礼服的历史发展脉络中可以看出，华丽的礼服总是源于朴素的常服，而随着时间的推移实用的礼服总会取代不实用的礼服。18 世纪的礼服流行极为稳定，像究斯特科尔几乎流行了一个世纪。进入 19 世纪弗瑞克外套和燕尾服为主要贵族服饰，但并没有确立它们的礼服地位。到 20 世纪初，燕尾服和晨礼服取代了弗瑞克外套而升格为正式礼服，但弗瑞克外套并没有退出历史舞台，即重叠期，只是已成颓势。燕尾服在 19 世纪前半叶还是不分时段可穿的日常服，而晨礼服是当时的乘马服，是人们骑马散步时穿着的休闲服。后来礼服的更替速度越来越快，甚至出现了多样性，在 19 世纪 80 年代塔士多礼服和董事套装首次以短款造型出现备受欢迎而在社交场合中得以普及，但它们并没取代燕尾服和晨礼服作为正式礼服的地位，但却使燕尾服和晨礼服在 20 世纪初慢慢地退出历史舞台。第二次世界大战之后，塔士多礼服和董事套装取代燕尾服和晨礼服而成为正式礼服。随着人们衣着生活的简略化和休闲化，具有全天候礼服性质的黑色套装越来越受到人们的青睐，并升格为礼服，成为今天国际社会的准礼服。依照这种发展趋势，现今作为常服的深蓝色、黑色西服套装将升格为本世纪的准礼服，这也是历史发展的必然趋势。每种礼服在由盛到衰的过程中都不是突然消失的，因此在流行过程中总会有一个新旧交叠区，这个时期的微妙变化是新旧交替的关键点，其中，实用性起着催化剂的作用（图 2-11）。

其次，这种传承性和更迭机制顺应了人们生活方式的改变，由此可预测未来礼服的基本走势。经济的发展带给人们更多休闲和娱乐时间，人们已不再习惯休闲、娱乐的同时受制于礼服的局限，因此具有个性化、休闲化的礼服是未来发展的基本走势。如果说西服套装（Suit）有升格为正式礼服趋势的话，布雷泽西装（运动西装）和夹克西装（休闲西装）在未来发展成为公务和商务的准礼服只是时间问题，因为它们在当今职场上作为正装使用已经逐渐普遍。

最后，纺织科学的不断进步推动着全新概念礼服的流行，未来轻质化礼服面料会慢慢代替以前的羊毛、马海毛等厚重面料。透气、保暖、轻薄的新型面料将使礼服的功能性不断增强。

（三）如何应对并不熟悉的国际化礼服请柬

当人们收到一些标注着装提示或礼仪场合的标准请柬时往往会不知所措，这种带有标注提示的请柬一定是要进入一个成熟、高级的社交场合。所以要正确解读请柬中对着装的要求，就需要我们对礼服体系的"THE DRESS CODE"作深入探讨。

1. 谨慎解读请柬上直接注明礼服名称或具有明显指引意义的着装提示

例如"White Tie（白领结）"则明确提醒要穿着燕尾服，因此要了解燕尾服的全部装备和使用方法，这对初道者尤为重要。美国前总统布什与夫人劳拉于 2007 年迎接英国女王伊丽莎白二世及其丈夫菲利普亲王时，邀请函上写有"布什总统及夫人为表达对英国女王伊丽莎白二世及其丈夫菲利普亲王爱丁堡公爵的欢迎，于 2007 年 5 月 7 日周一晚上 7 点在白宫举行晚宴"，并注明"White Tie"字样，这表示要穿着规范的燕尾服（图 2-12，表 2-1）。与之相对，如果是在白天参加传统的皇家赛马会、首相就职等，请柬上会注有"Morning Coat"，则要穿规范的晨礼服，表明它是日间最隆重的社交（表 2-2）。英国红十字会发出的"情人节晚会"请柬上注明英国红十字会将于 2001 年 2 月 10 日周六晚上 7 点在爱丁堡 Prestonfield 酒店举办招待会，请系黑领结（Black Tie）的信息，明确提示参与者要穿"THE DRESS CODE"规定的塔士多礼服，表明它是一种正式的晚会（图 2-13，表 2-3）。

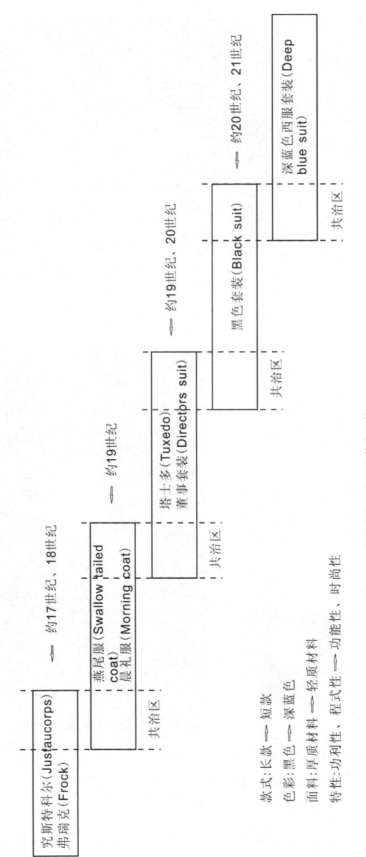

图 2-11 礼服流行的实用与简化趋势

① 邀请函正文内容　　② 英国女王和菲利普亲王以燕尾服和晚
礼服出席盛宴

图 2-12　标注有"White Tie"的着装要求的邀请函

① 英国红十字会发出的注有　　② 塔士多礼服配黑色领结是其标
　"Black Tie"的招待会邀请函　　志性搭配

图 2-13　标注有"Black Tie（黑领结）"着装要求的邀请函

晚间第一礼服—燕尾服—燕尾服的着装规则

表2-1 燕尾服的黄金组合

▲ 黄金组合 △ 得体组合 （可选择项）空白格有两种可能：一种为适当（不建议）一种为禁忌

服装搭配 礼仪级别 / 适用场合	主服 TAILCOAT 镶缎戗驳领褶裥双襟衬衫结构	配服 亮缎条裤子 (Side-striped trousers)	黑白条间相裤子 (Striped trousers)	单缎条裤子 (Side-striped trousers)	西裤与上衣同色 (Trousers)	礼服背心 (vest)	灰缎色背心 (vest small)	礼服腰封/乳白腰带 (cummerbund)	衬边背心 (vest)	燕尾服衬衫 (Dressing shirt)	现礼服衬衫 (Dressing shirt)	袖扣衬衫 (Dressing shirt)	立领衬衫 (Wing collar shirts)	普通领衬衫 (Regular collar shirts)	黑领结 (Black tie)	尖角领 (Printed scarf)	蝶形领带 (Gray silk Gedged tie)	冲色领带 (color tie)	大礼帽 (Top hat)	圆顶礼帽 (Bowler)	巴拿马帽 (Panama hat)	黑色袜子 (Black socks)	灰色袜子 (Gray socks)	漆皮鞋 (Pumps)	黑鸟(作裤鞋)	三接头皮鞋 (Black shoes)	便鞋 (Loafer)
公式化场合（同六点以后） 国家级特定的典礼仪式（就职、授奖等）	▲	▲				▲				▲			▲		▲				▲			▲		▲			
正式的宴会、舞会、观剧等	▲	▲				▲				▲			▲		▲				▲			▲		▲			
大型古典音乐会的观众	▲			△		▲		白色礼服背心或乳白色腰封△		▲	△		▲		▲	△			▲			▲		▲			
古典舞蹈比赛	▲			△		▲		白色礼服背心或乳白色腰封△		▲	△		▲		▲	△			▲			▲		▲			
婚礼仪式	▲			△		▲		△		▲	△		▲		▲	△			▲			▲		▲			
公式化场合（日间） 国家级特定的典礼仪式（就职、授奖等）																											
正式的宴会、舞会、观剧等																											
婚礼仪式																											
古典舞蹈比赛																											
大型古典音乐会的观众																											
公务（商务）正式场合 日常工作																											
国事访问																											
正式访问																											
正式会见																											
正式会议																											

注：1. 燕尾服面料采用黑色毛织物，配驳领等处地镶嵌的缎纹毛织物。
2. 领带、白手套、白手帕、白金诸料授权为最佳搭配的经典配饰。

表2-2　晨礼服的黄金组合

日间第一礼服—晨礼服的着装规则

▲黄金组合　△得体组合（可选择项）　空白格有两种可能：一种为适当（不建议）　一种为禁忌

服装礼仪级别 / 适用场合	主服 晨礼服上装 修身紧身型结构 (MORNING COAT)	双股蚕裤子 (Side-striped trousers)	黑白条纹裤子 (Striped trousers)	单股整裤子 (Side-striped trousers)	高腰与上衣同色 (Trousers)	礼服背心 淡灰色礼服 黄背心 (vest)	礼服背心 半身裙礼服 (Park, commented)	单排背心 (vest)	晨礼服衬衫 (Dressing shirts)	晨礼服衬衫 (Dressing shirts)	晨礼服衬衫 翼型领 (Wing collar shirts)	普通领全棉衬衫 (Regular collar shirts)	白领带 (White tie)	领带 (Ascot tie)	黑领结 (Black tie)	灰黑色领带 (Silver gray tie)	银灰条纹带 (Striped gray tie)	大礼帽 (top hat)	圆顶礼帽 (bowler)	巴拿马草帽 (boater)	黑色皮带 (Black belt)	灰色袜子 (Grey socks)	黑色 (Plain shoes)	三接头皮鞋 (Black shoes)	便鞋 (Loafer)
公式化场合（晚间六点以后）国家特定的庆典、授奖等																									
正式的宴会、晚会等																									
大型古典音乐会的艺术																									
古典音乐会比赛																									
婚礼仪式																									
公式化场合（日间）婚礼仪式	▲		▲		△	▲		△		▲		△		△	▲	△	△	▲			▲	▲	▲	△	
传统聚会	▲		▲		△	▲		△		▲		△		△	▲	△	△	▲			▲	▲	▲	△	
国家特定的庆典、授奖等	▲		▲		△	▲		△		▲		△		△	▲	△	△（夜礼）	▲			▲	▲	▲	△	
大型古典音乐会晚宴	▲		▲		△	▲		△		▲		△		△	▲	△	△	▲			▲	▲	▲	△	
交谊舞会	▲		▲		△	▲		△		▲		△		△	▲	△	△	▲			▲	▲	▲	△	
会务（商务）正式场合 日常工作																									
国事访问																									
正式访问																									
正式会见																									
正式会议																									

注：1. 晨礼服面料采用礼服呢、法兰绒、板丝绒、开司米等新的毛织物。
　　2. 白手套、白手帕、勾锁手扶为晨礼服的经典配饰。

如果请柬上注明了出席场合的级别，最重要的是要做出时间上的判断。比如"正式邀请函"中有"正式（Formal）"字样（图 2-14），但没有表明带有时间礼服的暗示，如 TUXEDO（塔士多晚礼服）或 MORNING COAT（晨礼服），说明它属于"亚正式"，采用 BLACK Suit（黑色套装全天候礼服）就非常适宜。在 Belinda 和 Jayden 的结婚请柬上注明了"将于 2007 年 10 月 6 日在波士顿举办婚礼，正式邀请您的参加"（见图 2-14）。根据时间的判断可选择日间正式礼服的董事套装（表 2-4），如果是晚间则选择塔士多礼服，夏季晚上也可以用上白下黑搭配的夏季塔士多礼服或梅斯（表 2-3），如果对时间没有明确规定选择黑色套装最保险（图 2-15）。请柬上有"Cocktail（鸡尾酒会）"字样，如图 2-16 注明"英国驻美国总领事会举办鸡尾酒会欢迎 Nigel 先生及其随行，并由他作关于英国、美国及全球经济复苏的演讲，时间定于 2009 年 6 月 8 日周一在国际酒店举办"，这表明与会者要穿非正式礼服（亦属亚正式），这一着装的要求比较宽泛，在正式礼服和准礼服之间选择，一般情况晚间用装饰塔士多礼服或梅斯，没有时间要求可用全天候的黑色套装。

2. 根据参与社交场合的级别来判断着装的要求

"Cocktail"（鸡尾酒会）字样表明了至少要穿着准礼服，因为鸡尾酒会往往在下午6 点以后举办（图 2-16）。如果场合较为正式，那么就要穿着塔士多礼服，夏季用梅斯代替；如果场合很随意，可以选择黑色套装，但要注意配服、配饰的晚间元素。与之相对，白天就要穿着董事套装，比如婚礼仪式。如果根据出席场合还是不能判断正确的礼服或请柬没有明确的提示，这种情况选择全天候的黑色套装最保险。

3. 选择礼仪级别比你认为的礼服高一级是明智的

如果请柬上注明"Business Suit"（日常着装）时要注意，并不是随便的日常着装就可以赴会，因为根据社交的逻辑，既然请柬上标明对于着装有所规避，这本身就可判断它仍然是一个较为讲究的场合，何况"Suit"就是"西服套装"之意，在"THE DRESS CODE"看来它是指休闲西装和正式礼服之间。因此，黑色套装或西服套装两类不容易出错，因为它们的中性特征表明多用于公务、商务方面的活动。最重要的是请柬

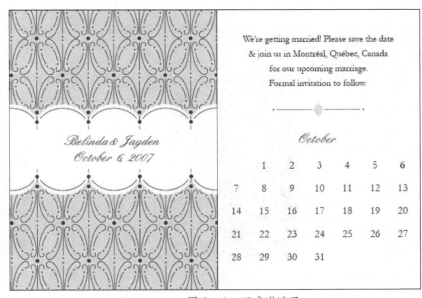

图 2-14   正式邀请函

中的关键词是否符合"THE DRESS CODE"的规制。图 2-17 是 2007 年 5 月 7 日在白宫举办欢迎伊丽莎白二世及菲利普亲王的招待晚宴，邀请函上注明了"Day Dress Uniform"（日常着装）字样。"招待晚宴"和"日常着装"这两个关键词的组合说明是"晚间亚正式"，在这种情况下，黑色套装是最为保险的选择，也可选择深蓝色或黑色的西服套装（见图 2-15）。

晚间正式场合可选择塔士多礼服，夏季用梅斯或浅色塔士多代替

日间正式场合可选择董事套装

黑色套装为全天候礼服、国际化准礼服

图 2-15　正式场合礼服时间不能混淆

表2-3　塔士多的黄金组合

晚间正式礼服—塔士多礼服的着装规则

▲黄金组合　△得体组合（可选择项）　空白格有两种可能：一种为适当（不建议）一种为禁忌

服装礼仪级别 / 适用场合	主服 TUXEDO（塔士多三种版型 青果领或戗驳领）	双侧镶边裤子 (Side stripe trousers)	黑色金根镶边裤子 (Stripped trousers)	单镶边裤子 (Side stripe trousers)	西裤与上衣同色 (Trousers)	银灰色礼服背心 (vest)	礼服背心 羊毛背带 (Back/cloud)	普通背心 (vest)	浆挺礼服衬衫材料 (Dressing shirt)	普通礼服衬衫 (Dressing shirt)	吸浆衬衫 (Dressing shirt)	翼型领礼服衬衫 (Wing collar shirt)	普通金根衬衫 (Regular collar shirt)	普通衬衫 (White shirt)	实黑领结 (Datong wd tie)	黑领结 (Black tie)	阿斯克领巾 (Ascot tie)	银灰色或珍珠色领带 (Silver/Striped tie)	领结 (tie)	大礼帽 (Top hat)	圆顶礼帽 (Bowler)	巴拿马草帽 (Panama hat)	黑色袜子 (Black socks)	灰色袜子 (Grey socks)	漆皮鞋 (pruppu)	黑色牛津鞋 (Black shoes)	三接头皮鞋 (Black shoes)	便鞋 (loafer)
公式化场合（同人点以后）正式的宴会、晚宴会、观礼等	▲	△	▲	△		△			△		▲	▲			△	▲		▲		▲	▲	△或	▲		▲			
领奖仪式	▲	△	▲	△		△			△		▲	▲			△	▲		▲		▲	▲	△或	▲		▲			
鸡尾酒会	▲	△	▲	△		△			△		▲	▲			△	▲		▲		▲	▲	△或	▲		▲			
大型古典音乐会的艺术家	▲	△	▲	△		△			△		▲	▲			△	▲		▲		▲	▲	△或	▲		▲			
婚礼仪式（后）		△	▲	△		△			△		▲	▲			△	▲		▲		▲	▲	△或	▲		▲			
婚礼仪式																												
传统表今会																												
公式化场合（日间）国家裁缝规定的负礼（就职、提助、授奖等）																												
大型古典音乐会的艺术家																												
交谊舞会																												
公务（商务）正式场合 日常工作																												
国事访问																												
正式访问																												
正式会见																												
正式会议																												

注：1. 礼服配图、靴图、鞋图，口袋双嵌线和前襟子图资均用剪贴画制作。
2. 镶入墨黑色宝石的钢扣和袖扣是男士的首饰。

表2-4 董事套装的黄金组合

日间正式礼服—董事套装的着装规则

▲ 黄金组合 △ 得体组合（可选择项）空白格有两种可能：一种为适当（不建议）一种为禁忌

服装礼仪级别 / 适用场合	主服 董事套装 (DIRECTOR'S SUIT)	配服			配服（背心）			便礼服衬衫 (Dressing shirt)	礼乐服衬衫 翼型领 (Wing collar shirt)	普通企领衬衫 (Regular collar shirt)	配饰（领带/领结）						圆顶礼帽 (Homberg)	巴拿马草帽 (Panama hat)	黑色袜子 (Black socks)	灰色袜子 (Gray socks)	黑色牛津鞋 (pumps)	三接头皮鞋 (Black shoes)	便鞋 (Loafer)
		黑白条纹裤子 (Stripped trousers)	单排董事裤子 (Side striped trousers)	西服与上衣同色 (Trousers)	礼服背心 银灰色礼服 黑青色 (vest)	礼服背心 中间有纽扣的 (vest)	单排背心 (vest)				会客领结 黑领结 (Bow tie)	黑领结 (Black necktie)	阿斯科领带 银书 (Ascot tie)	银灰色领带 (grey silk tie)	大礼服 (tie)	冲色领带 (tie)							
公式化场合（同六点以后） 正式的宴会、舞会等、观剧等																							
观剧仪式																							
鸡尾酒会																							
大型古典音乐会的艺术家																							
婚礼仪式																							
公式化场合（日间） 婚礼仪式	▲	▲	△	△	△		▲		▲	△		△	△	▲	▲	▲	▲	▲	▲	△	◄	△	
传统赛马会	▲	▲	△	△	△		▲		▲	△		△	△	▲	▲	▲	▲	▲	▲	△	◄	△	
国家级特定的庆典（如授勋、提奖等）	▲	▲	△	△	△		▲		▲	△		△	△	▲	▲	▲	▲	▲	▲	△	◄	△	
大型古典音乐会的艺术家	▲	▲	△	△	△		▲		▲	△		△	△	▲	▲	▲	▲	▲	▲	△	◄	△	
交谊舞会	▲	▲	△	△	△		▲		▲	△		△	△	▲	▲	▲	▲	▲	▲	△	◄	△	
公务（商务）正式场合 日常工作																							
国事访问																							
正式访问																							
正式会见																							
正式会议																							

注：董事套装面料采用礼服呢、法兰绒、亚麻呢、开司米等精纺毛织物。

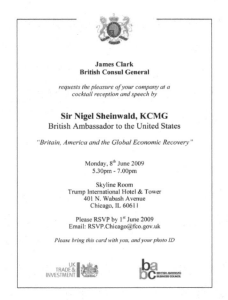

图 2-16　"Cocktail"（鸡尾酒会）字样的请柬　　图 2-17　注明 "Business Suit"（日常着装）的请柬

三、全天候礼服黑色套装的搭配规则与技巧

作为国际化公务和商务人士对黑色套装的学习和掌握很重要。

作为全天候、国际化礼服，黑色套装在社交场合中越来越普及，成为国际化准礼服。黑色套装（Black Suit）并不是指黑颜色的西装，它只是一种惯常的称谓，甚至是社交用语，特指双排扣戗驳领西服套装，深蓝为标准色，一般在深蓝与黑色之间进行颜色的变通。这种双排扣戗驳领的黑色套装缘于 19 世纪 60 年代的海军军官制服"瑞法"（Reefer）。双排扣戗驳领的功能性较强，前门襟的搭门量大，可以根据风雨的不同方向调节搭门方式，当风雨从左边吹来门襟就左搭右，反之亦然，可见它是从外套的形制演变而来。19 世纪 80 年代瑞法成为英国贵族帆船俱乐部的制服，第二次世界大战期间，它作为盟军海军军官的标志性制服，甚至时任英国首相的丘吉尔都以此不失时机地宣誓着大英帝国不可战胜的文化力量（图2-18），这个传统一直保持到今天的军官制服设计上并影响到时尚界，经典的双排扣水手版布雷泽就源于此。20 世纪 30 年代，当时的主流社会因威尔士亲王喜欢穿这种双排扣西装引起了它的流行，并且威尔士亲王把黑色换成了深蓝色，因为他认为深蓝色比黑色看起来更深沉，更具时尚魅力，因此在贵族中深蓝色便成为黑色套装的标准色（图 2-19）。由于它与以鼠灰色为标准色的西服套装的联姻，深蓝色和灰色便成为它们的主色调（见图 2-15 下列右图）。

双排扣戗驳领的黑色套装分为六粒扣的传统版和四粒扣的现代版两种，并分为有袋盖或无袋盖的双嵌线口袋两种袋型，左胸手巾袋是必要设计，袖扣为四粒。双排扣的西装与单排扣相比显得更为保守，但形制规整，风格儒雅，因戗驳领保留了礼服元素的传统所以被划为准礼服。

黑色套装作为全天候礼服适用范围较广，搭配自由度大，但并不意味着它可以无所顾及，其配服、配饰在使用时间上不能混淆，即晚间的元素不能与日间元素混合使用。黑色套装如果强调晚间场合时，其配服、配饰就必须选择晚间的元素，如选择塔士多的配服、配饰。同理，如果强调日间场合时，其配服、配饰也应选择董事套装所有的日间礼服元素，可以说两者互不侵犯，这也是它最能体现着装修养的智慧所在。

黑色套装作为全天候装备的固有搭配必须是裤子与上衣同质同色的西裤。作为日间礼服要选择晨礼服或董事套装的黑灰条相间的裤子及饰物；作为晚礼服则要选择塔士多的元素。它的这种可塑性决定了它未来作为正式礼服社交的向好命运。但一些细节仍不能忽视，如要选择翻脚裤就不能作为晚礼服使用。背心可选可不选，因为黑色套装是双排扣，这种结构保密性好再加上一般不会敞开穿着（主要是由其双排扣搭门的结构所致），几乎看不到背心的存在。如果一定要选择背心，应是与上衣同质同色，如果是银灰色背心则适合于日间礼服。衬衫的选择比较讲究，白衬衫为最佳，双层袖卡夫和卡夫链扣的组合与它相配更能体现出着装者的品质。选择翼型领的礼服衬衫，其整体的礼仪级别会比普通衬衫更讲究。来自美国的牧师衬衫是一种撞色衬衫，领子和袖口或只有领子是白色，其他部位为高明度基调的单色衬衫或竖条纹衬衫，突显着装风格的时尚和个性取向。银灰色领带的礼仪级别最高、最正式，其次是净色领带和条纹领带；帽子选用圆顶礼帽或软呢礼帽；黑色或深灰色袜子是惯常的选择；黑色牛津鞋是黑色套装的经典搭配。

作为晚间搭配的细节，裤子是与上衣同质同色的西裤，也可采用塔士多礼服的单侧章晚礼服裤；背心选择塔士多背心或卡玛绉饰带；衬衫既可选择企领白衬衫也可选择胸前有褶裥装饰的晚礼服衬衫；黑色套装作为晚礼服搭配不能使用领带，可选择黑领结，尖角黑领结比普通领结更为传统和考究；帽子和袜子的选用与日间相同；皮鞋选择用于晚间的漆皮鞋，因为这种皮鞋鞋面非常光亮，只能用于晚间（图2-20，表2-5）。

图2-18　丘吉尔第二次世界大战期间着标准瑞法制服

图2-19　喜欢穿黑色套装的威尔士亲王标志着它成为准礼服的开始

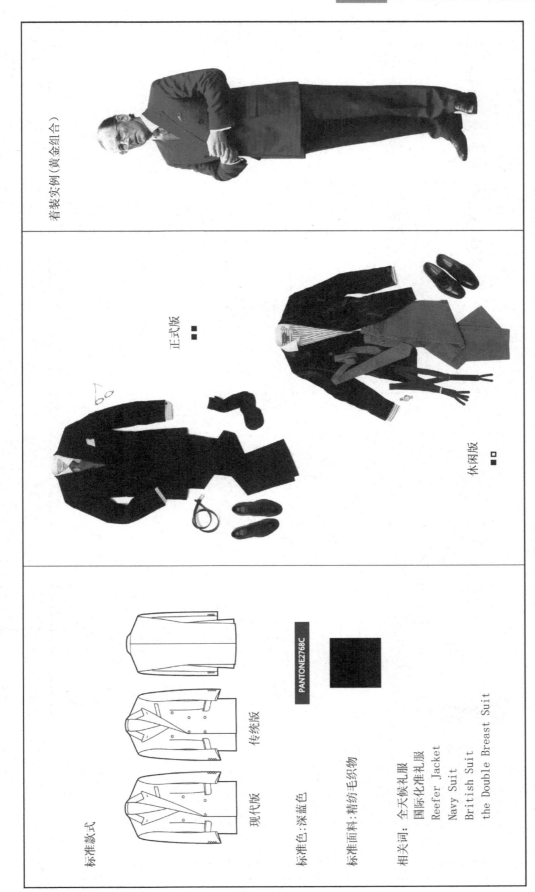

图 2-20 全天候礼服——黑色套装的搭配方案

表2-5 黑色套装的黄金组合与搭配方案

全天候礼服—黑色套装的着装规则　▲黄金组合　△得体组合（可选择项）　空白格有两种可能：一种为适当（不建议）　一种为禁忌

服装搭配 适用场合	主服 BLACK SUIT	配服														配饰								
	全天候黑色 酷色或藏青色	双股条纹裤	黑白条纹裤子	单侧裤子	西裤与上衣同 同色	礼服背心 护内背心	礼服背心 黑心	晚礼服背心	晚礼服衬衫	晚礼服衬衫	翼形领子	普通企领衬衫	白领结	黑领结	阿斯领巾	银灰色领带/银色条纹领带	大礼帽	洪堡礼帽	巴拿马草帽	黑色袜子	灰色袜子	漆皮鞋 黑色中帮鞋	三接头皮鞋	便鞋
公式化场合（晚间） 正式的宴会、舞会、观剧等	△	△		△				△	△	△	△		△	△					△			△	
鸡尾酒式	△	△		△				△	△	△	△		△	△		△			△			△	
两便酒会	△	△		△			△	△	△	△	△		△	△		△			△			△	
大型正规音乐会的艺术之家	△	△		△			△	△	△	△	△		△	△		△			△			△	
婚礼仪式以后	△	△		△				△	△	△	△		△	△		△			△			△	
公式化场合（日间） 婚礼仪式	▲		▲								▲				▲		△			▲		◀	△	
传统婚礼与会	▲		▲		△						▲				▲		△			▲		◀	△	
国家级特定的庆典（就职典礼、授勋、授奖等）	▲		▲		▲						▲				▲		△			▲		◀	△	
大型正规音乐会的艺术之家	▲		△								▲				△		△			▲		◀	△	
交接仪式	▲	△	△		△						△				△		△			▲		◀	△	
公务（商务）正式场合（白天） 日常工作	◀															△				◀	△	◀	△	△
国事访问	◀											△				▲				◀	△	◀	△	△
正式访问	◀											△				▲				◀	△	◀	△	△
正式会见	◀															◀				◀	△	◀	△	△
正式会议	◀															◀				◀	△	◀	△	△

注：1. 黑色套装采用黑色或接近黑色混合的织物。
2. 黑色套装搭配须有全天候礼服的特色，白色配服。配饰的选择，白色和黑色以时间作为划分规则。即白天与白天以大的元素组合，晚上与晚上大的元素组合。晚上与晚上大的元素组合而不能混合在一起使用。

四、以连衣裙和套装为特点的女士礼服体系

　　成功女士衣橱的配置计划同样建立在"THE DRESS CODE"基础之上，分为礼服、常服、户外服和外套四类，其中礼服和常服的配置男女差别较大，需进行单独分析，户外服和外套男女差别较小，可借鉴男士衣橱的配置要求进行设计。一般而言，连衣裙和套装形制构成了女士礼服的体系架构，连衣裙较正式，套装更商务，而且它们之间谁的元素更多，其社交取向就偏向谁。

（一）女装第一礼服

　　与男士第一礼服燕尾服和晨礼服相对应的女士第一礼服为礼服连身裙（Ball gown），它主要用于公式化和正式场合，时间的区别体现在材质上，晚间选用有光泽感的面料，佩戴的首饰也较多；日间则选用较朴素的面料，佩戴的首饰也较少，但这种界限并不明显，因此第一礼服通常用在晚间（图2-21）。女装没有形成单独的日间第一礼服，主要与第一次世界大战之前妇女在社会中的地位改变有关，在其之前，她们几乎不允许参与日间的公务、商务等社交活动。因此女装受国际"THE DRESS CODE"限制较小，晚礼服裙现今也可用于日间，只是在造型上比晚间裸露的肌肤要少一些，更为保守和朴素。晚间礼服裙的典型特征是低领露肩的款式，那么日间就可以变为浅领口不露肩的款式，这也是日间礼服和晚间礼服的重要区别。女权运动之后，特别是第二次世界大战之后，妇女广泛地参与社会事务成为时尚也是妇女解放的重要标志。以夏奈尔根据Suit设计的职业套装，标志职业女性时代新形象的开始。伊夫·圣罗朗把男装的裤子借鉴其中，从此开创了可以与男士分庭抗礼的全新职业妇女形象。这个过程就是职业女装借用男装的西服套装（Suit）演变成或配裙或配裤职业套装的格局。这种上下组合的职业套装后升格为日间礼服和妇女广泛地参与公务、商务的社会活动有关。

　　晚礼服连衣裙（Ball Gown）为女士礼服里面级别最高的，正是因为没有受到男装干扰，它的形制也保持得更纯粹，其长度至脚踝处，最长到地面甚至有一定长度的拖尾，

图2-21　女士第一礼服——晚礼服裙（Ball Gown）

图 2-22　小外罩（披肩）常与晚礼服裙搭配使用

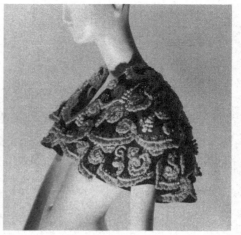

① 设计灵感来源于西班牙斗牛士的民族服装

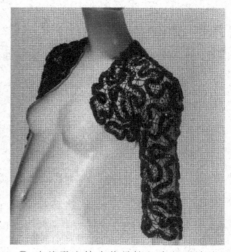

② 晚礼服小披肩使最擅长肩部设计的
巴兰夏卡的设计作品发挥到极致

图 2-23　巴兰夏卡的两款经典晚礼服披肩设计

例如婚礼服。婚礼服通常采用低胸露肩的领口设计，常用面料为丝绸、锦缎、天鹅绒、平纹绉丝织物且带有蕾丝花边、珍珠、闪光亮片、刺绣、褶裥花边装饰等女性化的元素。

　　晚礼服裙配服主要是小披肩（Cloak）或长度到肩部或腰部的披肩（Cape）。披肩是一种宽松的小外套，它的功用主要是配合低胸或露肩的连衣裙设计，常采用开司米、天鹅绒、丝绸和毛皮等昂贵的面料，装饰精良的里衬和饰边与晚礼服裙相呼应（图 2-22）。披肩配合礼服裙使用时对暴露的部分有所避饰，在场合适宜的活动中也可以脱卸，如舞会。披肩是女装晚礼服的表现亮点，因为它穿搭在较重要的部位，成为女性表现创意和设计师施展才华的地方。与夏奈尔同时代的巴兰夏卡为此"可以一整夜地谈论肩"，他设计的礼服披肩可谓巅峰之作，成为高贵晚礼服效仿的经典（图 2-23）。

　　晚礼服裙讲究配饰，包括帽冠（Tiara）、围巾、手套、首饰、晚礼服手包以及正式皮鞋。

帽冠是一种冠状头饰，主要用于婚礼中的新娘和某些特殊场合中具有特殊身份的女子，多用贵金属和珠宝制作，这种帽冠只与晚礼服裙搭配（见图2-21、图2-22）。围巾多用丝绸等昂贵面料来制作。手套较长，几乎至上臂中部，其色彩多为白色或与礼服裙相协调的颜色，通常只在晚宴时摘下。首饰不可选择太多，但一定要精致，一般不戴腕表。手包多为无背带而直接用手拿着的精致手包。鞋子的选择要与晚礼服裙相配，多采用不露脚趾的正式皮鞋，在舞会中起舞的时候还可以选择晚装鞋。总之，配饰在色彩与品质的选择上都要与晚礼服裙相协调，而恰如其分，切记不能让人感觉突兀，这是晚礼服着装的关键所在（表2-6）。

（二）女装正式礼服

女士正式礼服为茶会服（Tea Gown），亦称小礼服，来源于19世纪末至20世纪中叶女士的居家服，典型特征是结构宽松、较少华丽装饰、面料轻盈，是浴衣与晚礼服裙杂糅所得。长度从小腿中部到脚踝之间，通常带有袖，常用面料为雪纺绸、天鹅绒、丝绸等。最初为与家人吃饭时穿着的裙子，后演变成女主人在家中招待客人喝茶时穿着的宽松长裙，最后发展为与客人用餐时也可穿着的裙子，现今，各种色彩、长度不同的茶会服被用于公务、商务的"亚正式"社交场合中，其礼仪级别仅低于第一礼服连衣裙（图2-24）。

女士茶会服的配服除了小外罩和披肩之外，还可与常服上衣相搭配（西服套装、运动西装和休闲西装）形成一种调和风格的礼服样式，称之为调和套装。由于茶会服现已升格为礼服，这种搭配也可视为非正式组合。茶会服的配饰基本与晚礼服裙相似，只是更加朴素和简化（表2-7）。

图2-24 女士正式礼服与男士塔士多相配

表2-6 女士第一礼服的搭配方案

女士第一礼服的着装规则

▲ 黄金组合　△ 得体组合（可选择项）　空白格有两种可能：一种为适当（不建议），一种为禁忌

服装搭配 礼仪级别 适用场合	主服 BALLGOWN 低领露背 长度从脚踝到地面	小外套 (Cloak)	披肩长度到胯部 或到腰部 (Cape)	SUIT.JACKET	针织衫 (Sweater)	裤子 (Trousers)	披巾 (Scarf)	领巾 (Cravat)	手套 (Glove)	首饰 (Jewelry)	手表 (Watch)	晚礼服包 (Evening bag)	手提包 (Bag)	长筒袜 (Long stockings)	长袜 (Stockings)	正式皮鞋 (Formal shoes)	凉鞋 (Sandals)	拖鞋 (Slippers)
公式化场合（晚间，六点以后） 国家级特定的典礼（就职，授勋，授爵等）	▲	▲	△				△		▲	▲		▲		▲	▲	▲	△	
正式的宴会，舞会，观剧等	▲	▲	△				△		▲	▲		▲		▲	▲	▲	△	
大型古典音乐会同六点的艺术家	▲	▲	△				△		▲	▲		▲		▲	▲	▲		
古典交谊舞	▲	▲	△				△		▲	▲		▲		▲	▲	▲	△	
婚礼仪式（新娘）	▲	▲	△				△		▲	▲		▲		▲	▲	▲	△	
公式化场合（日，日间） 国家级特定的典礼（就职，授勋，授爵等）	△	△	△						△	△		△				▲	△	
正式的宴会，舞会，观剧等	△	△	△				△		△	△		△				▲	△	
婚礼仪式（新娘）	△	△	△						△							▲	△	
古典交谊舞	△	△	△				△		△	△		△				▲	△	
大型古典音乐会的艺术家																		
公务（商务）正式场合 日常工作																		
国事访问																		
正式访问																		
正式会见																		
正式会议																		

注：1. 女士第一礼服（BALLGOWN）主要用于晚礼服，常用面料为毛呢、丝绸、天鹅绒等。
2. 可用民族服装代替。

表2-7　女士正式礼服的搭配方案

▲黄金组合　△得体组合　△（可选择项）　空白格有两种可能：一种为适当（不建议）　一种为禁忌

服装礼仪级别 / 适用场合	主服 TEA GOWN（长度从小腿中部到脚踝，有裙）	小外套（Cloak）	披肩长度到背部或到腰部（Cape）	SUIT/JACKET	针织衫（Sweater）	裤子（Trousers）	丝巾（Scarf）	领巾（Cravat）	手套（Glove）	首饰（Jewelry）	手表（Watch）	晚宴包（Evening bag）	手拎包（Bag）	长筒袜（Long stockings）	长袜（Stockings）	正式皮鞋（Formal shoes）	凉鞋（Sandals）	拖鞋（Slippers）
公式化场合（晚间六点以后）																		
国家规格特定的典礼（就职、授奖等）	△	△	△				△	△	△	▲		▲		▲	△	△	△	
正式的宴会、观剧等	△	△	△				△	△	△	▲		▲		▲	△	△	△	
大型古典音乐会的艺术家	△	△	△				△	△	△	▲		▲		▲	△	△	△	
古典交谊舞	△	△	△				△	△	△	▲		▲		▲	△	△	△	
婚礼仪式（盛宴）	▲	▲	△				▲	△	△	▲		▲		▲	△	▲	△	
公式化场合（日间）																		
国家规格特定的典礼（就职、授奖等）	▲	▲	△	△			▲	△	△	▲				▲	△	▲	△	
正式的宴会、商会、观剧等	▲	▲	△				▲	△	△	▲				▲	△	▲	△	
婚礼（仪式/盛宴）	▲	△	△				▲	△	△	▲				▲	△	▲	△	
古典交谊舞	▲	△	△				▲	△	△	▲				▲	△	▲	△	
大型古典音乐会的艺术家	△						△	△	△	▲				▲	△	▲	△	
公务（商务）正式场合																		
日常工作																		
国事访问																		
正式访问																		
正式会见																		
正式会议																		

注：1. 茶会服（TEA GOWN）宜用面料为缎子、丝绸、天鹅绒等。
　　2. 与色彩舞蹈舞通用。

（三）女装准礼服

女士准礼服为鸡尾酒连身裙（Cocktail），是一种短礼服裙，又称为"半正式礼服"，后与套装结合而成为典型职业套装。这种短礼服裙款式趋于简洁，裙长控制在膝盖以下10cm左右，裙子略长者可用于公式化场合或公务、商务的正式仪式；裙长略短者主要用于公务、商务的正式场合，体现出干练、精明的特点。当然，鸡尾酒裙与套装的结合也非常适用于公务、商务的常规场合，如日常工作时，只需要与西装上衣组合穿用而形成调合套装风格。上下两件式的套装则表现得更加职业化，并要尽量减少装饰，这主要是由女士服装适用范围较广的特点决定的。短礼服裙常采用的面料为丝绸和雪纺（图2-25）。

①时任国务院副总理吴仪得体的准礼服在中美贸易和知识产权的谈判中表现得落落大方

②美国总统布什第二任总统就职宣誓中，夫人劳拉的白色长裙和女儿的风衣都表现得很职业化，因为这是很重要的公务活动。

图2-25　女士准礼服既可用于公式化场合又可用于常规的公务、商务场合

　　女士准礼服鸡尾酒裙的配服包括披风、披肩、常服上衣（西服套装、运动西装和休闲西装）以及具有保暖功能的针织衫等。其配饰包括丝巾、领巾、首饰、腕表、礼服包、手提包、长筒袜、长裤、正式皮鞋和凉鞋等，选择的时候要遵循时间、地点、场合适当调整配服和配饰（表2-8）。

表2-8　女士准礼服的搭配方案

▲ 黄金组合　△ 得体组合（可选择项）　空白格有两种可能：一种为适当（不建议）一种为禁忌

服装搭配 服装礼仪级别 / 适用场合	主服	配服					配饰											
	鸡尾酒裙长从膝盖到脚踝1.5cm (COCKTAIL)	小外罩 (Cloak)	披肩长度到肩部或到腰部 (Cape)	SUIT/JACKET	针织衫 (Sweater)	裤子 (Trousers)	丝巾 (Scarf)	领巾 (Cravat)	手套 (Glove)	首饰 (Jewelry)	手表 (Watch)	晚礼服包 (Evening bag)	手提包 (Bag)	长筒袜 (Long stockings)	长袜 (Stockings)	正式皮鞋 (Formal shoes)	凉鞋 (Sandals)	拖鞋 (Slippers)
公式化场合（夜间/六点以后） 国家级特定的典礼仪式（就职、授奖等）	△	△	△	△			△	△		△		△	△	▲	△	▲	△	
正式的宴会、舞会、观剧等	△	△	△	△			△	△		△		△	△	▲	△	▲	△	
大型古典音乐会的艺术家	△	△	△	△			△	△		△		△	△	▲	△	▲	△	
古典交谊舞	△	△	△	△			△	△		▲尽量少		▲	△	▲	△	▲	△	
婚礼仪式（晚宴）	▲	△	△	△			△	△		▲尽量少		▲	△	▲	△	▲	△	
公式化场合（日间） 国家级特定的典礼仪式（就职、授奖等）	▲	▲	▲	△			△	△		▲尽量少		△	△	▲	△	▲	△	
正式的宴会、舞会、观剧等	▲	▲	▲	△			△	△		尽量少		△	△	▲	△	▲	△	
婚礼仪式（晚宴）	▲	▲	▲	△			△	△		尽量少		△	△	▲	△	▲	△	
古典交谊舞	△	△	△	△			△	△		尽量少		△	△	▲	△	▲	△	
大型古典音乐会的艺术家	△	△	△	▲			△	△		尽量少	△	△	△	▲	△	▲	△	
公务（商务）正式场合 日常工作	△	△	△	▲			△	△		△尽量少	△		△	△	△	▲	△	
国事访问	△	△	△	▲			△	△		尽量少	△		△	△	△	▲	△	
正式访问	△	△	△	▲			△	△		尽量少	△		△	△	△	▲	△	
正式会见	△	△	△	▲			△	△		尽量少	△		△	△	△	▲	△	
正式会议	△	△	△	▲			△	△		尽量少	△		△	△	△	▲	△	

注：1. 鸡尾酒裙（COCKTAIL）常用面料为绸子、丝绒、雪纺等。
2. 与群服搭配使用。

五、 规划准礼服（西装类）配置方案

为什么只对准礼服配置方案作规划？因为无论是绅士、贵族、成功者还是普通公务员和商务人士，使用最多的服装类型只有那么几种，特别是男士，需要对这一部分作长期和有效的规划。依据"THE DRESS CODE"的功能分布，深蓝色和鼠灰色西服套装是最为惯常的礼服选择。如今，深蓝色和鼠灰色的西服套装已慢慢升格为"准礼服"，其优势是既可作为礼服又可作为常服来穿着。它们适用的场合极为广泛，如果请柬中没有特别提示，可以与黑色套装甚至塔士多、董事套装同时出现于一种场合中而无禁忌，包括公式化场合里的告别仪式、传统仪式、婚礼仪式以及公务、商务正式场合里的国事访问、正式访问、正式会见和正式会议等。值得注意的是在日常工作中穿着深蓝色西服套装适合较为严肃、缜密的职位，比如管理人员、财务人员等，作为高级管理人士它也是最保险的选择。

深蓝色和鼠灰色西服套装作为简礼服穿着时，一定要注意配服和配饰的选择。裤子必须选择与上衣同质同色的西裤；背心可选可不选，如果选择就必须与上衣同质同色，而且要注意背心的最后一粒纽扣不系这个重要的细节；衬衫必须是白色，白衬衫也是日常工作中必备选择，其适用场合最为广泛；领带以银灰色级别最高，是日间正式场合的最佳搭档，黑色领带是专门用来参加告别仪式的，当然反光材料的黑色领带又可用于晚间娱乐派对中（图2-26）；袜子以黑色为最佳，深蓝色和深灰色可选，主要保证与裤子的颜色相协调；鞋子以常用的黑色或棕色牛津鞋为主。

女装准礼服以职业套装为基础的变通产品，有裙子套装、裤子套装和连衣裙的调和套装，它们可以采用同色组合，也可采用异色组合，在级别上不像男装有明显的礼仪暗示，只是风格使然（图2-27）。

普通黑色领带专门用于告别仪式、悼念仪式中

反光材料制作的黑色领带多用于晚间娱乐派对

图2-26 黑色领带使用的两种特别场合

① 美国总统夫人劳拉着Blazer风格（金属纽扣）的套装随总统参加公务活动

② 美国国务卿赖斯着俱乐部风格（镶边）的套装在2005年3月21日访问中国

图2-27 以职业套装为基础的女士简礼服

六、民族化全天候礼服——中山装和旗袍

国际化着装规则（THE DRESS CODE）具有很强的包容性和建设性，这是它的生命力所在。因此它并不排斥各国和地区的民族服装，具有民族特色的礼服与国际化礼服有着平等的地位。在我国主要是中山装和旗袍来应对国际化规则礼服系统中不适应的那一部分，它的应对原则是以不变应万变。

中山装之所以成为国服，是在 20 世纪初孙中山先生引进西装并融入了中国传统理念和革命实践而形成的，在孙中山的倡导下得以推广，以至于成为革命的象征。中山装虽然源于西装，但更多的体现了中国传统的中庸思想，其典型款式特征为左右对称的四个带袋盖的贴袋，实际它来源于西方的军服，可容纳更多的物品；企领与单排扣相结合既内敛又庄严；采用三开身结构，保证了衣片的整一性，符合"幅布为衣"的传统衣文化；共有九粒纽扣，前门襟有五粒，四个口袋各有一粒。整个设计体现出一种东方的均衡美学，这与西服套装敞开式领口、不对称的胸袋设计相比显得更为庄重内敛，这也是中山装之所以成为华服最主要的文化原因。

中山装作为民族化礼服具有全天候特性，并且适用于国际规则的所有礼仪性场合，包括重大的国家典礼、国事访问等，最成功的案例是 1979 年，作为国家领导人的邓小平访问美国，不习惯穿西装的邓小平，在晚宴上，用黑色中山装成功应对了卡特的塔士多礼服（国际主流社交惯例）。当邓小平举办记者招待会时，为应对区别于晚宴的级别，选择了灰色的中山装。这之后也成为国家领导人应对国际社交的惯例。例如，国家主席胡锦涛在 60 周年国庆典礼上穿着中山装表明具有国际第一礼服层级和民族国家意志的双重意义；江泽民主席在英女王和美国总统盛邀的国宴上穿着中山装应对燕尾服和塔士多礼服，这是继邓小平之后又一次中山装应对国际社交的经典案例。中山装的搭配同样是有讲究的，如裤子需与上衣同质同色，黑色袜子和黑色牛津鞋仍是遵循了晨礼服国际规则的传统。

图 2-28 2009 年诺贝尔颁奖典礼上穿着燕尾服的华裔科学家高锟与穿旗袍的夫人

与中山装相比，旗袍或称为改良旗袍亦是中西方文化激烈碰撞下产生的又一民族化礼服。虽然旗袍传承于清朝女性袍服的神韵，但与西方女性修饰腰身的造型相结合，通过省道塑

造工艺的运用，打造出别具韵味的东方女性美。其典型款式特征为立领衬托出女性优美的颈部，体现高雅的气质；偏襟来源于华服的大襟，体现出东方的含蓄之美；通过省道塑造立体造型而无需前后中破缝反映出朴素而规整造型的民族情结；具有东方色彩的绣花图案更是民族气韵的升华。

　　旗袍作为民族化礼服和中山装同样具有全天候特性，适用于所有国际化正式场合。是女性国家公务员和高级商务人士出席国家典礼、国事访问、重大仪式表达民族气质的最佳选择（图2-28，表2-9）。

表2-9 中山装和旗袍可对应THE DRESS CODE的礼服体系

训练题

1. 简述燕尾服和晨礼服黄金搭配的主要细节（标准款式、配色、标志性元素等），举例说明它们的社交取向和禁忌。

2. 简述塔士多礼服和董事套装黄金搭配的主要细节，并举例说明它们的社交取向和禁忌。

3. 国际化社交请柬中会有对着装的提示，如"White Tie"（白领结）、"Black Tie"（黑领结）、"Formal"（正式）、"Cocktail"（鸡尾酒）、"Business Suit"（日常着装）等，说出它们的社交取向并举例说明应对方案？什么社交情况用"黑色套装"是最保险的？

4. 为什么说黑色套装（Black Suit）是当代社交界最具主流和通用的礼服？它是否可以替代所有的其他礼服？它有怎样的造型特点（标志性元素）、搭配规则和变通技巧？

5. 女士礼服分类的基本特点有哪些？女装第一礼服、正式礼服和准礼服与男装礼服系统是如何对应的？

6. 公务、商务人士为什么要重视规划准礼服方案？

7. 中山装和旗袍应对国际上哪种礼服的社交场合？应对的原则是什么？

第三章

西装知识是成功人士
服装的社交秘籍

　　西装在"THE DRESS CODE"中虽然被界定为日常着装，但在社交的实践中又经常出现在正式场合，如正式访问、正式会议、正式会见等。这说明西装一方面具有主宰社交形象的地位；另一方面具有应对复杂社交局面特殊的细分方法和操作技巧。然而对它的细分方法和有效的运用，在我们看来还存在着粗放型的认识，作为公务员和商务人士，特别是高级官员、高层管理每天都离不开它们，可是对它们并不真正了解，经常被商家的"商务西装""穿正装""金领"之类的促销概念所误导。

一、"西装"的误读与解读

从广义上来讲，西装是指来自西方国家的服装总称，这是我们自造的词，在国际社交中并不存在。狭义上的西装是指国际着装规则（THE DRESS CODE）所包含的三种类型，即 Suit（西服套装）、Blazer（运动西装）和 Jacket（休闲西装），这三种类型的西装既相互联系，又有各自独立的着装规则和价值取向。这是近 1 个世纪以来，西装经过千锤百炼铸成的"三驾马车"。这三种类型比较相似，而我们对其缺乏深入的研究和了解，于是有了"西装"这个笼统的名称。当时代主题发生变更的时候，"商务西装"这种挟迫式的商业语言便横空出世，并被广泛地接受，一方面说明社会中产的精英阶层也没摆脱浮躁；另一方面是品味着装的理论建设没有相应的成果提供给他们，特别是入门级的"西装知识系统实践"。这是影响我们着装品位提升的首要屏障。

（一）"商务西装"是个混乱的概念

在我国，"商务西装"这一称谓广泛地见于经济类媒体和报端，而且成为男装企业开发产品和引导消费的卖点。然而根据国际着装惯例，西装中并没有"商务西装"这一称谓出现过，也没有与之对应的词汇。也许有人认为"Business Suit"就是"商务西装"的意思，也仅仅是从"Business Suit"的字面意思直译而来。《现代英汉服装词汇》中把它解释为"办公套装，日常穿着的服装，普通服装"，由此可见"商务西装"的解释就显得概念模糊而且具有误导的嫌疑。其实它的语境是"可用于商务的西装"，这其中有确切的内涵，核心的内容就是在商务中正确地使用 Suit、Blazer 和 Jacket。

按照"THE DRESS CODE"国际着装规则，Suit（西服套装）是指上下同质同色搭配的西装，无条件搭配的特点使它在西装中显得更加正式（但不是正式礼服），既可以适用于公式化场合，比如婚礼仪式、葬礼仪式，又可以出席公务、商务正式场合，公务、商务的常规场合（主要指日常办公）也可选择，可以说 Suit（西服套装）完全可以用于商务，但不能叫"商务西装"，否则在国际社交中就可能误导商务以外不能使用。Blazer（运动西装）采用上深下浅的搭配方式，属于有条件搭配的西装，可穿着出席公务、商务正式场合（扎领带），或商务的休闲场合（不系领带），也具有"商务西装"的作用，但却不叫这个名称。Jacket（休闲西装）是具有更为自由搭配方式和个性表达的西装，上深下浅或上浅下深的着装搭配都可以，更多的时候是不系领带，它的社交取向往往用于公务、商务的非正式场合，同样也可以用在公务、商务的休闲场合，如提供商务伙伴的度假、出行、旅游等，也完全没有因为商务而产生"商务西装"的意思。

可见，"商务西装"完全是一种商业炒作，不能与"THE DRESS CODE"（国际着装规则）建立有效链接，也就不能与世界着装语言接轨。作为市场开发和营销的策略，因为缺乏理性、规范和专业化的操作，对企业来讲是短视的，因为它有很强的欺骗性，这也是最能考验职场人士着装修养和智慧的地方。

（二）"穿正装"是社交的误读

西装作为一种西方的舶来品从清末的洋务运动就已开始了，在中国经历了一个多世纪的发展历程，从引进、学习到排斥再到盲目崇拜，在这个过程中，政治因素是主要的推手，说明我们对此始终没有完成它的理性建设。对于这一舶来品，我们往往更注重其形式却忽视了背后的文化制度——"THE DRESS CODE"的价值。这一规则最科学的地方就是根据不同的时间、地点和场合（TPO）穿着不同的服装番制，它比起其他地域的服装文化系统被国际社会最具持续性、广泛性和稳定性的接纳和推广的深层原因并没弄清楚。事实上我们无论接受还是不接受，它已经成为一种发达的社会文明与秩序的标签。

我们加入WTO、成功举办奥运会和世博会等，表明我们成为世界大家庭中的重要一员，国际化和高层次的社交活动也越来越多，"穿正装"的提示频繁地出现在请柬中，但没有谁知道它真正的含义，就是发出请柬者也不能准确解释的情况下而普遍认为"穿正装"就是穿西装。对照国际化或主流社会请柬的规制，无论是发送者还是接受者都表现出两种误读：一是想当然的提示，想当然的理解；二是形式大于内容。

在"THE DRESS CODE"里所有的服装都归结为礼服、常服、户外服和外套四类，"正装"如果理解为"礼服"的话存在极大的模糊性和不确定性，这是男士着装的大忌。因为这四个类别里面每一类别既有"正装"，也有"非正装"，又有时间上的区别。对于"请着正装"的信号，因为不具有"THE DRESS CODE"的规范用语也就无从下手，遇到此类情况，根据要出席的社交场合的正式与非正式的程度去理解，则会出现多种个人的解读。而"THE DRESS CODE"的请柬一定会用"确切而约定俗成"的表述，发送者与接受者心照不宣。请柬上出现"Suit"表明场合为"较正式"，如果说时间是晚上，较为正式和隆重的场合，那么你就可以穿着黑色套装或深蓝色西服套装，白色衬衫、细条纹领带、黑色袜子和皮鞋；如果是非正式场合，有一定的娱乐成份在里面，请柬中会注有"jacket"提示，可以选择藏蓝色的布雷泽西装或休闲西装，可不系领带，这两种类型属于一种社交级别主观判断的理性表达。如果是正式场合，请柬会有明确提示，绝不是"正装"的表达，而是塔士多礼服、董事套装、燕尾服、晨礼服等这些确切的惯例而规范的表达语，给与会者正确而可靠的着装指引。当然知情的情况下或非主宾，也可以选择全天候的准礼服黑色套装或深蓝色西服套装。非正式场合，请柬上可能是"Jacket"的字样，但绝不是穿夹克、牛仔裤之类的服装赴会，应选择Blazer西装或休闲西装（Jacket），不管你个人的职位和职业背景如何都是如此。随着现代人们休闲娱乐生活的增多，社交场合也变得更为广泛，比如打高尔夫球、赛马等活动，那么着装的选择就会跳出正装范围而进入户外服系统。Polo、斯特嘉姆、利发儿、巴布尔等都属于户外服的经典，它们在运动场合下仍可以表达出"正装"的味道，这种味道与其说是"正装",不如说是休闲的品位和考究,这是"THE DRESS CODE"钦定的。这就需要有足够的服装修养与智慧,因为这种场合不会发送请柬来特意提示着装要求,即使有也会用"Outdoor"(户外服)这种既笼统又专属化的语言。可见,"穿正装"犯的是想当然和缺乏国际社交规则的错误。

(三)西装的"三剑客"

　　无论是"商务西装"还是"穿正装",它们都是误读"西装"产生的后果,那么西装真正的知识生态是怎样的?根据"THE DRESS CODE"规则,西装包含了 Suit(西服套装)、Blazer(运动西装)和 Jacket(休闲西装)三种形式,尽管它们属于常服体系却又几乎涵盖了从礼服到便服的所有社交场合,只要把握这三种服装的着装规则,就可以轻而易举地应对各种社交场合,可谓社交中攻无不克战无不胜的"三剑客"。

　　西服套装(Suit)在"THE DRESS CODE"里属于常服体系的正装版,理论上不属于礼服也不用于正式场合,但随着人们着装的简化趋势,深蓝色西服套装慢慢具有了礼服功能,成为很多场合下最为保险的选择,这也使得西服套装具有了"国际服"的地位,成为参与国际社交的标志性服装。Blazer(运动西装)几乎成为每一届奥运会入场式服装的首选,是因为它有深厚的体育文化背景。在成功者的衣橱中也是必备的,是因为它具有纯正的不列颠血统,更重要的是它美好的传奇故事、标志品位的名贵符号(讲究的搭配、表现贵族的金属纽扣等)和能从正式礼服到最休闲化的搭配空间,是这种西装得天独厚的选择。Jacket(休闲西装)伴随着现代人包括商务、公务的休闲娱乐时间的增多越来越受到人们的青睐,主要是它具有自由的搭配方式和充分自我表达的创造空间。由此可见,西装"三剑客"的修炼几乎成为中产阶层普修的功课和进入成功社交场的入场券(见图 3-35)。

二、Suit(西服套装)表达进入职场的一切信息

　　尽管时尚循环往复,西服套装仍然是每一位公务、商务人士的必要装备,并且是男女衣橱里的重要服装。也许不必每天都穿着西服套装工作,但也会偶尔参加婚礼仪式、葬礼仪式或工作场合中参加重要的会议、会见客户等活动,一套裁剪精良,做工讲究的西服套装则可让你游刃有余。因为 Suit 表达着成功进入职场的一切信息,所以,要做好驾驭它的功课。

(一)进入职场的基本训练从 Suit 开始

1.Suit 的颜色
　　进入职场后的第一套西服套装一般选择经典的深蓝色或鼠灰色。深蓝色犹如万里无云的夜空,带给人们一种广阔、深沉与宁静感,它也是优雅人士选择最多的色调。鼠灰色是

西服套装的标准色，有日间礼服的暗示，更适合日间的公务、商务活动。选择黑颜色西服套装要慎重，一方面，黑色在西方最早为牧师和送葬者使用。在 19 世纪男士服装选择黑色主要是与女性多样的色彩相区别，彰显男性的稳重与统一；另一方面，黑色具有资产阶级民主斗争的象征，法国大革命中把带有三等公民色彩的黑色引向了政坛而成为流行。20 世纪在美国，黑色的皮革成为反战的标志，又一次把黑色推向了流行的前沿。黑色所具有的革命性和贫民性双重性格使我们在公务和商务中选择的时候要慎重考虑，这种黑色西服套装的极端性格不适合出席充满"妥协艺术"的商务谈判和会见中，而更适合艺术展开幕、时尚派对或与塔士多（晚礼服）相似的场合。

2.Suit 的分类

除相同颜色相同材质的西装款式是它的标志性特征外，其完备的造型工艺系统对于追求优雅的人士来说，与人体吻合可以达到最广泛的"合适度"，起到掩盖身体缺陷和放大优点的作用，这也是品味着装的基本原则。Suit（西服套装）的三种经典外型，包括美国版、英国版和意大利版。

美国版 Suit。美国版西服套装有着自然的肩线，比较宽松，类似袋子的造型，俗称箱型，整体着装的形态舒适、自然而优美，在历史上和社交界称为常青藤风格（ivy league model，图 3-1）。

英国版 Suit。英国版西服套装有轻质垫肩，挺胸收腰比较合体，重要的是在社交界它有些专属的语言符号，典型特点是两侧开衩、小钱袋、三件式套装搭配等，这一传统在西装设计中被广泛使用，被视为"崇英"元素（图 3-2）。

意大利版 Suit。意大利版西服套装肩部稍微有些翘，非常合体，法国版与之相似（图 3-3）。

图 3-1　宽松的美国版 Suit　　图 3-2 合体适中的英国版 Suit　　图 3-3 紧身的意大利版 Suit

　　如果说英国版西装表现出纯粹绅士风度的话，美国版西装表现出更加实用的特质，意大利版西装则充满了时尚性的表现主义。虽然版型有所不一样，但都恪守着西服套装（Suit）的造型语言，而这个传统是以英国版西装为核心的，且各自的元素互通不悖，因此会出现很多杂糅的风格，形成多元的西装生态。对于初道者认识它的基本造型语言和功用很重要。

　　传统的西服套装为三件套形式，即同质同色的上衣、裤子和背心成套穿着，但背心在现代人的着装中越来越少见了。一方面源于背心所带来的费用消耗；另一方面是现代人生活节奏的加快导致着装趋向简单化，更为讲究实用，因此两件套西装成为职场的主流（图3-4）。即使如此，作为优雅人士仍然不能忽视背心的作用，它往往能使人与成熟、优雅和考究这些性格特征相联系，更重要的是当脱掉外衣之后仍能保持着装的得体和绅士讲究的一切信息，这会暗示人们"他在延续着英国绅士的血统"（图3-5）。

图3-4　两件套西装

（二）Suit 的基本配置和职场语言

　　鼠灰色西服套装是职场中最基本的着装，因为鼠灰色作为西服套装的标准颜色而俗称为"老鼠文化"（图3-6）。随着面料和图案的丰富，鼠灰色西服套装既可表达细腻感觉又可彰显粗犷风格，其中以灰色细条纹西服套装最为常见。

　　鼠灰色西服套装主要用于日常工作和所有的非正式场合以及私人访问等。标准配服、配饰为，裤子可选择翻脚裤亦可选择非翻脚裤，也可以多配几条不同质地和颜色的裤子作

① 标准三件套西装

② 黑色套装风格
的三件套西装

③ 被誉为"互联网之父"的文顿·瑟
夫博士（右）的标准三件套装

图 3-5　三件套西装

图 3-6　在国际社会每天在上演的"老鼠文化"

为休闲西装使用，用于公务、商务非正式场合中（图 3-7）。背心可选可不选，如果考虑到花费的问题，建议不选，当选择时要与外衣的颜色质地相同，否则性质会发生改变，这个细节很能表达一位绅士的服装修养。衬衫为经典的白衬衫，但至少保证两到三件以供换洗，另外还可以选择条纹衬衫和浅色调衬衫以提供职场气氛和个性的表达。西服套装原则上要系领带，选择职场中最为常用的暗条纹领带、明条纹领带和抽象图案领带各一条，如果上下不同的西装搭配，可不系领带，这可以在非正式场合使用（图 3-8）。袜子可选择灰色袜子或黑色袜子，当然要保证与服装颜色一致。鞋子以黑色牛津鞋最佳，也可选择棕色皮鞋，这需要服装的色调偏暖比较合适。

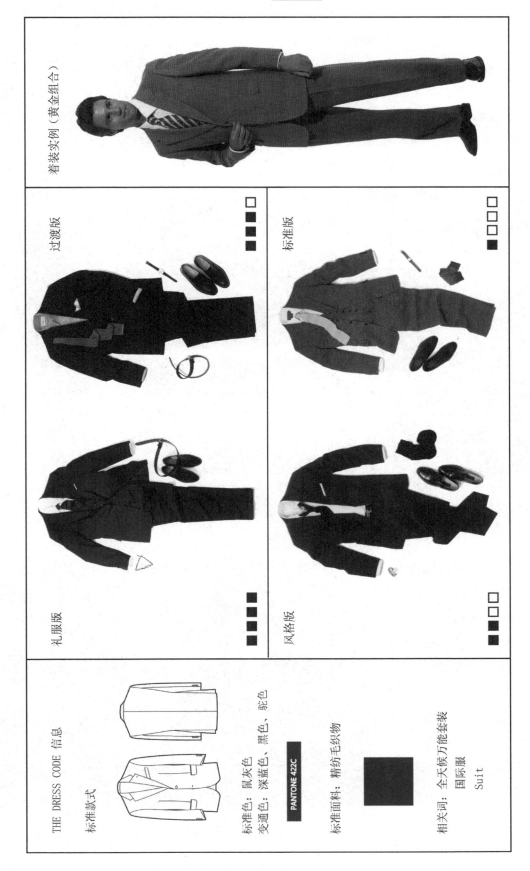

图 3-7　全天候西服套装的搭配方案

西服套装休闲版的穿着方式要根据场合非正式程度的不同灵活搭配。在休闲星期五和私人访问场合里，裤子可以采用异质异色的搭配，但这已经不是真正意义上的西服套装了，因为它采用了夹克西装自由组合的方式，也可理解为 Suit 的变通组合；衬衫的选择可与标准 Suit 相同，但选择小格子衬衫会更合适，因为这种组合类似古时老绅士狩猎的形象，所以一般不选择白衬衫也不系领带；可选择灰色袜子、运动袜甚至鲜艳颜色的袜子与休闲皮鞋相搭配，说明 Suit 也可以与休闲西装为伍，只是在细节上有所不同（见表 1-1、图 3-8）。

①、②、③ 未成套搭配和没系领带的 Suit，说明这是（政要）非正式会见

④ 虽成套搭配但款式采用 Jscket 样式，有 Suit 休闲风格的暗示

图 3-8 西服套装职场的便装方案

相反，如果逆向思维，在西服套装基础上也可作升级版搭配，可以采用黑色套装双排扣戗驳领款式或借用它的标准色（深蓝），在黑色套装和西服套装之间形成一种过渡版西装，它在社交风格上表现为黑色套装的简装版和西服套装的升级版（图 3-9）。

现任联合国秘书长潘基文的装束属于西服套装的升级版，而前任联合国秘书长安南的装束则属于黑色套装的降级版。这种搭配在社交实践中充满智慧

图 3-9 西服套装的设计版

　　值得注意的是，在不同样式的西装中，有不同的穿着方式。但在细节上保持着不变的法则——系领带时，其长度要控制在腰带的位置，过长或过短都要避免（图3-10），不系领带时，衬衫的风纪扣（领口扣）要松开（见图3-8）。单排扣西装根据社交惯例有三种形式，即两粒扣下扣为虚扣是西服套装形式，三粒扣上下为虚扣是运动西装格式，三粒扣只下边一粒扣是虚扣为夹克西装格式（图3-11）。如果社交中出现提示某种仪式的时候，如升国旗、唱国歌、告别仪式等，或初次会见、握手寒暄前等要系好非虚扣的纽扣，这个小细节能够传递社交修养程度和为提升职场形象加分。双排扣西装则要在任何情况即便非成套组合时也要系好纽扣（图3-12）。

图 3-10　西装领带过长不当

图 3-12　双排扣西装在任何情况下要系好纽扣

布雷泽型

套装型

夹克型

图 3-11　西装"三剑客"门襟扣的三种形式

三、Blazer（运动西装）保有纯粹贵族血统的绅士符号

　　Blazer（运动西装）来自英国的皇家战舰，这些战舰的舰长要求所有士兵穿着一种蓝底白条的夹克，但这是 19 世纪以前的事。后来被牛津和剑桥这两所英国贵族名校的运动俱乐部用在运动场上，尤其是在赛艇比赛中，成为传统运动俱乐部的着装标志（图 3-13），以至于英国考斯皇家舰队规定必须穿着白裤子、棕色皮鞋和 Blazer 组合成为标志性风格。套装版 Blazer 延续了它的风格，这一传统一直以来成为世界海军制服的标准和一切奢侈服务行业的标志性装备，如航空、游船、豪华列车、大巴，包括国家机器的警服、军服（图 3-14）。在社交界穿着 Blazer 的人士，说明他具有驾驭高雅的能力，又有应对社交局面的智慧。因此，学术界研究 "THE DRESS CODE" 的理论家出石尚三甚至把从正式礼服到休闲西装设计了一个都是由它主宰的"Blazer 树"，说明游刃有余地运用 Blazer 便可以应对社交的一切场合（图 3-15）。时尚界顶尖的设计师们也从来不敢怀疑它作为成功者标志性的符号，因为它比任何东西都能证明胜利者是在时尚主流路线上行走，即使用在女装设计上也是如此。拉夫·劳伦（Ralph Lauren）是这样，拉格菲尔德也是这样（图 3-16、图 3-17）。因此 Blazer 纯正的英国血统，不仅诠释了英国的贵族文化，还揭示了一个准绅士的诞生，可见社交场合中拥有它是一种标志。

① 明显条纹明亮色调的西装上衣是典型的俱乐部西装　② 早期的 Blazer 形制，上衣有明显的条纹，配白色的裤子，一直延续至今　③ 俱乐部西装总是与高雅的体育运动有关

图 3-13　早期白条蓝底的 Blazer 演绎成今天的俱乐部西装（Blazer 的另一种称谓）

① 最经典的双排扣
Blazer 说明他代表
可信赖的团队（航
空司乘团队）

② 泰坦尼克号船员的经典 Blazer
说明它是世界最豪华的游船，也
是今天水手版 Blazer 的原型

图 3-14 双排扣 Blazer 一直以来成为国际奢侈服务行业的标志性服装

① 水手夹克（Blazer
的前身）② 海员夹克
（双排扣 Blazer 的原
型）
③ 运动夹克（古代运
动服）
④ 俱乐部夹克
⑤ Blazer 定型期款式
⑥ Blazer（今天的运
动西装）
⑦ Suit 原型（19 世
纪末）
⑧ Suit（今天的西服
套装）
⑨ 英国版 Tuxedo（英
国版晚礼服）
⑩ 美国版 Tuxedo（美
国版晚礼服）

图 3-15 Blazer 树

图 3-16　与众不同的拉夫·劳伦的 Blazer

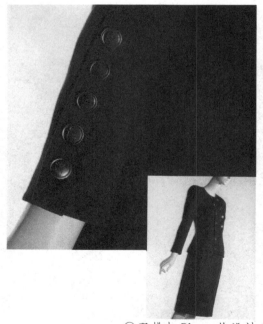

①双排扣 Blazer 的设计　②单排扣 Blazer 的侧身
与袖口局部　　　　　　与背部设计

图 3-17　拉格菲尔德设计的女装使 Blazer
标志性元素发挥到极致

（一）Blazer（运动西装）的基本配置

　　运动西装（Blazer）的标志性元素是金属纽扣和徽章，藏蓝色是其标准色。按照款式的不同可分为单排三粒扣平驳领的标准版和双排四粒扣戗驳领的水手版，上深下浅是其搭配的基本准则（图 3–18）。我们从出石尚三的 Blazer 树可以判断，运动西装适用的场合

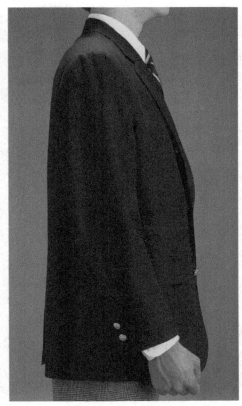

①标准版 Blazer 前身和侧身

②水手版 Blazer 前身和侧身

图 3-18 Blazer 的标准版和水手版

极为广泛，虽然它本身属于休闲西装，但从公务、商务正式场合到休闲场合通过搭配的技巧都可以表现得游刃有余，可以说是公务、商务场合的智者装束。Giovanni Panerai（乔纳尼·沛纳瑞）全球 CEO 的白纳迪穿着来自水手版的双排六粒扣布雷泽与小格纹衬衣组合拿捏得十分精准，就如同他为海军提供精密仪器的事业一样坚守其传统与精致的重要（图3-19）。由此可见 Blazer 有很隐蔽的语言密码需要解读。

图 3-19　Giovanni Panerai 全球 CEO 白纳迪穿
着来自水手版的双排六粒扣布雷泽

图 3-20　苏格兰裤与 Blazer 组合成
为很英国化的经典搭配

　　首先看它与裤子的组合，苏格兰格纹裤是布雷泽很英国化的经典搭配，除了它的古典气息表达之外还有俱乐部风格的暗示（图3-20），当选择灰色西裤或卡其裤时，是一种很通用的国际化选择，但在正式程度上它们也有微妙的差别，前者搭配方案要高于后者（图3-21）。Blazer 与牛仔裤、各色灯芯绒裤子组合便是完全休闲版的搭配方案（图3-22）。还有一些细节，如翻脚和非翻脚裤都可以，但选择花式领结和红色羊毛背心组合时，则适合参加比较讲究的娱乐性派对，原则上不能用在公务或商务场合（图3-23）。裤子的色彩虽然可以自由选择，但上深下浅的搭配原则不能变。

　　衬衫则以白衬衫为最正式，但与运动西装组合缺乏个性，可以选择具有俱乐部特色的小格纹衬衫更能体现运动特色而视为黄金组合；其他衬衫如高调单色衬衫、牧师衬衫和条纹衬衫均可搭配而成为风格组合；如与 T 恤组合则完全成为休闲版搭配。

　　领带以含蓄、内敛的暗条纹最为典型，也可根据参与社交场合的不同气氛（自高而低）选择银灰色领带、明条纹领带、抽象图案领带或不规则图案领带。阿斯克领巾具有"怀古"

的品质。在 Blazer 中如果不系领带表示非正式场合。

　　灰色袜子是最佳选择，因为运动西装裤子的色彩往往是灰色、卡其色等浅色系为主导，休闲版也可选择白色袜子，一般不选择黑色袜子，因为它会与裤子颜色对比太明显而扎眼。

　　黑色或棕色皮鞋、压花皮鞋和休闲皮鞋要根据场合的不同来选择。棕色压花皮鞋是 Blazer 的黄金搭配，休闲鞋多用于休闲星期五或非公务、商务休闲场合。可见 Blazer 西装具有的全息风格特征是其他类型的西装无法匹敌的（表3-1、图3-24）。

①与灰色西裤搭配是最具公务、商务的国际化搭配　②前香港特首董建华先生选择 Blazer 与白色卡其裤、小格纹衬衫，不系领带，系休闲版的黄金组合

图 3-21　灰色西裤或卡其裤与 Blazer 的微妙差别

①与牛仔裤组合的 Blazer 装扮显得自然、随意

②前中国足球外籍教练米卢的 Blazer 与灯芯绒裤的组合给人以亲切感

图 3-22　牛仔裤、灯芯绒裤与 Blazer 组合成休闲版方案

图 3-23　花式领结、红色毛背心与 Blazer 搭配适合参加某种讲究的娱乐性派对

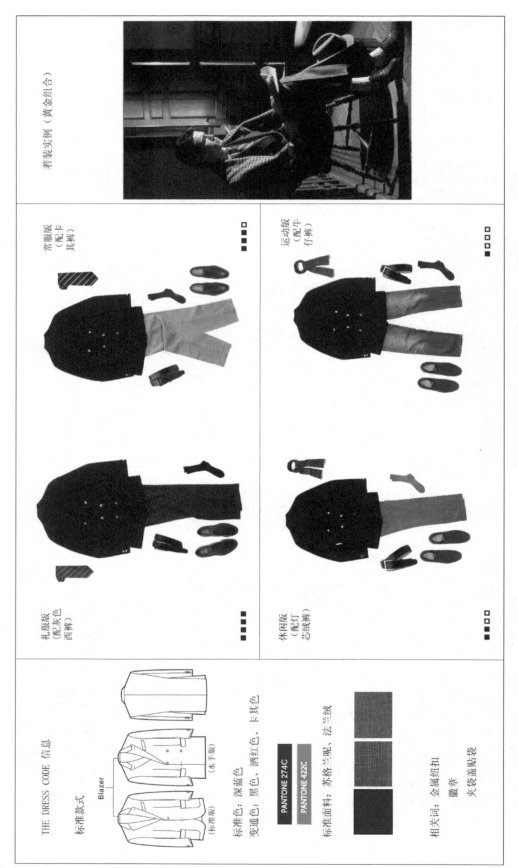

图 3-24 运动西装 Blazer 的搭配方案

常服—运动西装的着装规则

表3-1　运动西装（Blazer）的黄金组合与搭配方案

▲黄金组合　△得体组合（可选择项）　空白格有两种可能：一种为适当（不建议）　一种为禁忌

服装搭配 服装礼仪级别 适用场合	主服 BLAZER （藏蓝色为标准色，成立方式为V为深下段）	配服 苏格兰格纹 (Scotland trousers)	卡其裤 (Khaki)	牛仔裤 (Five pockets jeans)	白衬衫 (White shirt)	高调单色衬衫 (Light-coloured shirt)	牧衬衫 (Uprie shirt)	条衬衫 (Striped shirt)	格子衬衫 (Check shirt)	配饰 阿斯克领巾 (Ascot tie)	银灰色领带 (Silver gray tie)	黑色领带 (Black tie)	暗条纹领带 (Light striped tie)	明条纹领带 (Loose striped tie)	抽象图案 (Abstract pattern)	具象图案 (Concrete pattern)	不规则具象图案 (Irregular pattern)	黑色袜子 (Black socks)	灰色袜子 (Grey socks)	运动袜 (Sport socks)	鲜色袜子 (Bright socks)	黑色牛津鞋 (Black oxfords)	便鞋 (Loafer)	篮球鞋 (Basket shoes)
公式化场合 婚礼仪式	△	▲	△		▲						△				△			▲				▲		
告别仪式	△	▲	△		▲	△					△				△			▲				▲		
传统仪式	△	▲	△		▲	△					△				△			▲				▲		
公务（商务）正式场合 日常工作	△	▲	△		▲	△	△	△			△				△			▲				▲	△	
国事访问	△	▲	△		▲	△	△	△			△				△			▲				▲	△	
正式会见	△	▲	△		▲	△	△	△			△				△			▲				▲	△	
正式会议	△	▲	△		▲	△	△	△			△				△			▲				▲	△	
公务（商务）非正式场合 休闲星期五	藏蓝色为最高级别金属扣 ▲	△	▲	△	△	▲	△	△	△	▲	△		△	△	▲	△	△	▲	▲	△		△	▲	△
工作访问	藏蓝色为最高级别金属扣 ▲	△	▲	△	△	▲	△	△	△	▲	△		△	△	▲	△	△	▲	▲	△		△	▲	△
非正式访问	藏蓝色为最高级别金属扣 ▲	△	▲	△	△	▲	△	△	△	▲	△		△	△	▲	△	△	▲	▲	△		△	▲	△
非正式会见	藏蓝色为最高级别金属扣 ▲	△	▲	△	△	▲	△	△	△	▲	△		△	△	▲	△	△	▲	▲	△		△	▲	△
非正式会议	藏蓝色为最高级别金属扣 ▲	△	▲	△	△	▲	△	△	△	▲	△		△	△	▲	△	△	▲	▲	△		△	▲	△
非商务休闲场合 私人访问	▲	▲	▲	△	△	▲	▲	△	▲	▲							△		▲	△	△	△	▲	△
周末休假	▲	▲	▲	△	△	▲	▲	△	▲	▲							△		▲	△	△	△	▲	△

注：1. 运动西装春、秋、冬面料以中厚精纺毛织物为主。夏季以绵、麻、丝与人造纤维混纺的薄型织物为主。
2. 除丁民族习惯、气候等特殊情况，一般不允许戴帽子；可配藏高品质的手表及结婚戒指。

图 3-25　徽章中经典的皇冠和橄榄枝图案成为社交界的文化符号

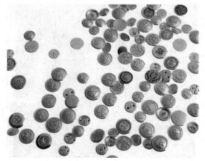

图 3-26　种类繁多的 Blazer 金属纽扣

（二）徽章和金属纽扣的特别提示

徽章是 Blazer 的特别元素，但它不是装饰物，而是本人所属俱乐部特别的标识，只在参与特定的俱乐部活动时使用，它的经典图案皇冠和橄榄枝源于古希腊的奥林匹亚竞技"不可战胜者"的寓意而成为社交界的文化符号（图 3-25）。铜质纽扣是 Blazer 标志性元素的传统风格，多样化金属纽扣的 Blazer 更具现代感，更符合现代职场多元表现的需求。但金属扣与徽章有个共同的功用被继承下来，即金属扣中有与徽章相同的标志图纹。基于市场的考虑，现在的标志图纹变得多样化，起初多为族徽，后多为俱乐部标识，现今社团、企业、品牌的标识也都加入其中，因此，为了避免被无孔不入的商业利用而选择素面金属扣的 Blazer 更明智。另外金属扣的材质也能反映 Blazer 的品质——实心比空心的品质更高；越接近原始的材质（黄铜或白铜）比复合型（加入塑料、烤瓷等）材质更高（图 3-26）。

四、Jacket（休闲西装）行走在职场休闲路线上的全天候西装

Jacket 具有"短打扮"之意，是相对礼服的 Coat（长打扮）而言的，它的引申之意就是休闲。因此说 Jacket 是行走在职场休闲路线上的全天候西装。然而它在历史的蜕变中又经历了从严谨搭配到自由组合的过程，但它休闲路线的出身没有改变，主要体现在 19 世纪末。在西服套装（Suit）占据社会主导地位之前，贵族们所穿的晨礼服与裤子是异质异色的，多种色彩与多种材质相互搭配是一种财富和地位的象征，今天晨礼服保持上衣和裤子的不同就与此有关。当时用同种材质剪裁的西服套装被视为没有经济收入的学生参加体育运动时的着装，后来由于它的材质和色调的一致性而成为正式的日常着装。这种情况在贵族中是当时的普遍现象，有一种与裤子同质同色的专门用来打猎的诺福克夹克就是当时上层社会主流的户外服。总之上下同质同色的服装是不能登大雅之堂的，这就是今天 Jacket 的前身。看来 Suit（套装）和 Jacket（夹克）有着亲缘关系，而有趣的是，历史上的礼服通常都是异色搭配，休闲服却是同色搭配。当这种礼服在 20 世纪初逐步退出历史舞台时，以 Jacket 为代表的休闲服便分化为成套组合的西服套装（Suit）和单件穿用的夹克西装

（Jacket），它们的社交地位也因此而颠倒。因此今天社交中自由搭配成为休闲西装普遍穿法的准则，但也并没有放弃成套穿法的传统，反而成为应对各种社交场合、气氛和自我品格表达的语言，并在一定程度上考验着我们的服装修养。从设计师拉夫·劳伦所穿夹克的历史会发现与诺福克夹克有千丝万缕的联系（图3-27）。诺福克款式特征为平驳领单排扣三粒或四粒，两个复合式贴口袋，从肩部下垂到腰部纵向及腰部横向都有饰带，背部有普雷兹褶（活褶），便于运动，这是按照"形式跟随功能"的设计原则而设计的，电影《侦探福尔摩斯》里华生穿着的诺福克夹克就准确表达了这种样式（图3-28）。20世纪20年代，粗花呢的诺福克夹克才去掉饰带和普雷兹褶渐渐演变为现代夹克的典范，但仍保持着成套组合的传统（图3-29），直到诺福克被高尔夫运动所广泛运用，白色法兰绒裤子成为Jacket的经典搭配（图3-30）。因"户外社交"的兴起，以应对各种职场休闲场合和季节运动，近现代的夹克整体搭配风格变成"自由式"，既可采用上深下浅又可采用上浅下深的搭配，这种搭配方式延续至今便成为白领成功进入职场的自由个性训练的最好教科书，但对其进行深度的社交体验和灵活的驾驭能力却比Suit和Blazer更难，因为Jacket从"必然王国"到"自由王国"，不仅有既定的套路，又有无法预料的变数，而我们又不能绕道而行，事实上能够驾驭Jacket的人才深谙绅士的服装修养（表3-2、图3-31）。

图3-27　拉夫·劳伦穿戴具有怀旧风格的Jacket

图3-28　早期成套组合的诺福克夹克仍然是现代绅士夹克怀旧的范本

② 现代经典的休闲西装还能看到以往高尔夫夹克的影子，但这个影子可以一直追溯到19世纪夹克最早出现时诺福克的特征（见图3-28）

图3-29　由诺福克演化而来的Jacket到今天仍然保持着最古老的样式（粗呢格子、成套组合等）

① 20世纪二三十年代的高尔夫夹克是今天夹克西装的原型

图3-30　从古代高尔夫夹克到现代休闲西装的演变

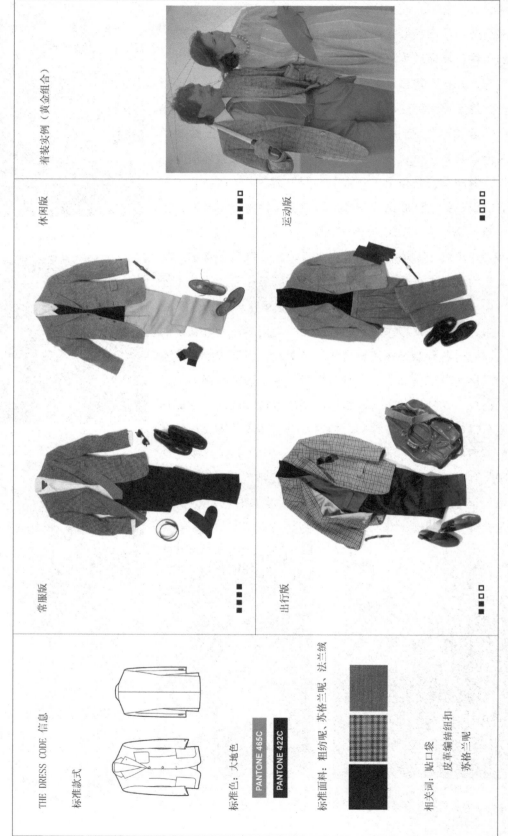

图 3-31 休闲西装（Jacket）的搭配方案

表3-2　休闲西装（Jacket）的黄金组合与搭配方案

常服—休闲西装的着装规则

▲ 黄金组合　△ 得体组合（可选择项）　空白格有两种可能：一种为可能；一种为适当（不建议）。一种为禁忌

服装搭配 / 服装礼仪级别 / 适用场合	主服 JACKET	普通西裤 (Trousers)	休闲裤 (Chino trousers)	牛仔裤 (Five pockets jeans)	白衬衫 (White shirts)	高调单色衬衫 (Light coloured shirt)	牧师衬衫 (Cleric shirts)	条纹衬衫 (Striped shirts)	格子衬衫 (Check shirts)	阿斯克领巾 (Ascot tie)	银灰色领带 (Silver gray tie)	黑领带 (Black tie)	暗条纹 (Light striped tie)	明条纹 (Striped tie)	抽象图案 (Abstract pattern tie)	有规则图案 (Geometric pattern tie)	不规则图案 (Scatter pattern tie)	黑色袜子 (Black socks)	灰色袜子 (Grey socks)	鲜色袜子 (Bright socks)	黑色牛津鞋 (Black oxfords)	便鞋 (loafer)	篮球鞋 (Basket shoes)
公式化场合　婚礼仪式																							
公式化场合　告别仪式																							
公式化场合　传统仪式	△		▲						▲	△	△	△	△	△				△			△	▲	
公务（商务）正式场合　日常工作	△	△			△	△	△	△			▲	△	▲	▲	▲	△	△	▲	△		▲	▲	
公务（商务）正式场合　同事访问		△			△	△	△	△			▲	△	▲	▲	▲	△	△	▲	△		▲	▲	
公务（商务）正式场合　正式访问		△			△	△	△	△		▲	▲	△	▲	▲	▲	△	△	▲	△		▲	▲	
公务（商务）正式场合　正式会见		△			△	△	△	△		▲	▲	△	▲	▲	▲	△	△	▲	△		▲	▲	
公务（商务）正式场合　正式会议		△			△	△	△	△		▲	▲	△	▲	▲	▲	△	△	▲	△		▲	▲	
公务（商务）非正式场合　休闲星期五	▲	▲	▲	△	△	△	△	▲	▲	△	▲	△	▲	▲	▲	△	△	▲	▲	▲	▲	▲	△
公务（商务）非正式场合　工作访问	▲	▲	▲	△	△	△	△	▲	▲	△	▲	△	▲	▲	▲	△	△	▲	▲	▲	▲	▲	△
公务（商务）非正式场合　非正式访问	▲	▲	▲	△	△	△	△	▲	▲	△	▲	△	▲	▲	▲	△	△	▲	▲	▲	▲	▲	△
公务（商务）非正式场合　非正式会见	▲	▲	▲	△	△	△	△	▲	▲	△	▲	△	▲	▲	▲	△	△	▲	▲	▲	▲	▲	△
公务（商务）非正式场合　非正式会议	▲	▲	▲	△	△	△	△	▲	▲	△	▲	△	▲	▲	▲	△	△	▲	▲	▲	▲	▲	△
非公务休闲场合　私人访问	▲	△	▲	△	△	△	△	▲	▲	△	▲	△	▲	▲	▲	△	△	▲	▲	▲	▲	▲	△
非公务休闲场合　周末休闲度假	▲	△	▲	△	△	△	△	▲	▲	△	▲	△	▲	▲	▲	△	△	▲	▲	▲	▲	▲	△

注：1. 休闲西装春、秋、冬面料以中厚精纺毛织物为主；夏季以麻、毛、丝与人造丝混纺的薄型织物为主。
2. 除丁民族习惯、气候等特殊情况；可配戴商品质的手表及结婚或订婚戒指。一般不允许配戴帽子。

五、西装从基本配置到升级和降级配置的技巧

所谓西装的基本配置是指保持西服套装（Suit）、运动西装（Blazer）和休闲西装（Jacket）的基本搭配，即最保险的穿法，如果要考虑流行、社交气氛和个性风格，就要掌握其降级或升级的配置技巧。公务和商务人士衣橱的升级配置主要表现在两方面：一方面随着职位的升迁，出席场合范围的扩大，需要的服装类型也不断增加，比基本配置可供选择的服装数量更多，范围更广；另一方面，其着装的质量和细节也更为讲究，要与其身份相吻合。这意味着无论是基本配置还是升降级配置，重要的是不在于投入的大小而是着装的技巧与智慧，因此要按照"THE DRESS CODE（国际着装规则）"从正式到非正式地深入学习。

根据公务和商务人士的经济条件可以选择建立以西服套装（Suit）为基础的基本配置，如果出现升迁和经济条件的改善可以考虑加入运动西装（Blazer）和休闲西装（Jacket）的降级配置。后两类西装都是单品，不是以成套形式出现的，搭配相对自由，这样从正式、非正式到休闲的公务、商务场合几乎全能应对。

在常服里面，西服套装、运动西装和休闲西装三者构成了西装的"三剑客"，按照"THE DRESS CODE"的经验判断，西服套装属于无条件搭配，即上下装必须为同质同色可视为职场的准礼服；运动西装是有条件的搭配，即上深下浅可视为品格化西装；夹克西装是自由搭配，可以采用上深下浅的形式也可采用上浅下深的形式可视为休闲西装。可见，随着服装数量的增多，可搭配的风格也越自由，这与你工作的自由度和增加的职场复杂局面有关，职位越高，自由度越大，但可能的复杂场合也就越多，服装也必须考虑符合"国际规制"的升级或降级要求。值得注意的是，Suit、Blazer和Jacket三种西装中并没有严格的界限，它们各自构成的元素虽然相对确定，但又可以互鉴不悖，当主体元素向谁靠拢就表现出谁的性格和主体功能取向。例如，西服套装搭配不同颜色和质地的裤子，不系领带就实现了Suit的休闲版配置，即降级配置，也就适用于非正式场合（图3-32）；作为运动西装上深下浅的组合如果运用同质同色的Suit组合，Blazer便升格为正式版即运动风格的西服套装（图3-33）；如果改变休闲西装的自由组合为成套组合也同样可以使Jacket升级为正式版西装（图3-34）。如果在三种西装标准配置中再准确地把握住细节加入的技巧，其着装品质又会变得与众不同（图3-35）。

① 中亚＋日本的东京非正式（不系领带）外长对话

② 比尔·盖茨无可挑剔的Jacket休闲版（配有色衬衫不系领带）

图 3-32　非正式场合中 Suit 和 Jacket 的休闲版配置

图 3-33　Blazer 的升级版配置（诺贝尔奖得主爱德华普雷斯科特将 Blazer 采用 Suit 的成套搭配诠释他的严谨风格）

图 3-34　Jacket 的升级版配置（成套搭配夹克款式）

图 3-35　国际豪华游艇 CEO 的三种西装组合智慧（左起 Suit 升级版、Blazer 标准版、Jacket 升级版、Blazer 升级版、Suit 标准版）

六、女士成功职场服装的配置

公务和商务女士常服配置的基本方法，仍然按照"THE DRESS CODE"中男装常服的"三驾马车"即西服套装、运动西装和休闲西装的格局来规划设计，这是一百多年来男人主导职场的历史积淀与传统所致。但这"三驾马车"用到女装中其款式设计、色彩设计以及面料、工艺等的使用范围都远远超越了男装，上可借鉴礼服元素，下可运用户外服语言，这也说明女装也有相对的独立性和比男装更广阔的表现空间，这是由她的自然属性和社会属性的丰富性所决定的。

女士西服套装（Suit）基本款式来源于男装，其适用场合也与男装相似，主要用于公式化场合和公务、商务的正式场合。配服采用与上衣同质同色的短裙或裤装，短裙的长度至少要到膝盖部位，它比裤装更具有女性特色，是职业女士的最佳选择，与背心式连衣裙组合可视为小礼服。另外可搭配以背心为主的（上衣的替代品）内穿上衣、衬衫和针织衫，衬衫可选择多种色彩但以白色最佳，针织衫多在秋冬季使用。

女士西服套装的配饰选择可根据装饰部位进行划分。帽子主要根据气候、民族和宗教习惯进行自由选择，但职场中的女性一般不戴帽子；颈部的首饰尽量少，秋冬季可选择围巾，春夏可选择丝巾，当然也可根据季节不做选择；手提包比晚礼服手包更适合公务、商务场合，腕表属于可选择范围；长筒袜适合与短裙相搭配，但要注意长筒袜的色彩与整体着装风格的协调，长袜和短袜适合与裤子相搭配。不露脚趾的皮鞋是最佳选择，鞋跟不要太高要低于晚装鞋，因为它更适合公务或商务（图 3-36、表 3-3）。

　　女士运动西装（Blazer）和休闲西装（Jacket）通用性较广，主要适用于公务、商务的常规场合和非正式的休闲场合，也可用于公务、商务正式场合的个性表达。其配服、配饰最为广泛，几乎可以覆盖职场的所有场合（表3-4、表3-5、图3-37、图3-38），但仍然以"THE DRESS CODE"的知识系统作为指导，这是提升职业女性职场形象的法宝，比如在穿着运动西装的时候采用上深下浅的组合方式，即裙子或裤子的颜色要比上衣浅，如果搭配适当风格的苏格兰裙，也是不错的组合。

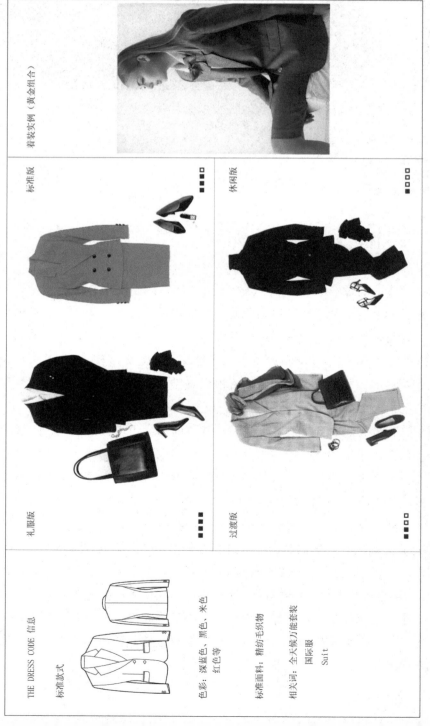

图 3-36　女士全天候西服套装的搭配方案

表3-3 女士常服Suit的搭配方案

▲黄金组合　△得体组合（可选择项）　空白格有两种可能：一种为适当（不建议）　一种为禁忌

服装礼仪级别	适用场合	主服 SUIT（以SUIT为基本做进行变化，色彩不限）	内穿上衣（以背心为上的内穿上衣，以白色最佳）	衬衫 (Shirt)	针织衫 (Cardigan)	裙 与上衣同颜色 (Skirt)	连衣裙 (Dress)	裤 与上衣同颜色 (Trousers)	围巾 (Scarf)	帽子 (Cap)	领巾 (Cravat)	首饰 (Jewelry)	手提包 (Evening bag)	手表 (Watch)	长筒袜 (Long stockings)	长袜 (Stockings)	短袜 (Stockings)	正式皮鞋 (Formal shoes)	凉鞋 (Sandals)	拖鞋 (Slippers)
公式化场合	婚礼仪式	△	△	△	△（秋冬）	△	△	△	△	△	△	△	△	△	▲	△	△	△	△	
	告别仪式	△	△	△	△（秋冬）	△	△	△	△	△	△	△	△	△	▲	△	△	△	△	
	传统仪式	△	△	△	△（秋冬）	△	△	△	△	△	△	△	△	△	▲	△	△	▲	△	
公务（商务）正式场合	日常工作	▲	▲	▲	△（秋冬）	▲	△	△	▲	△	△	△	▲	▲	▲	△	△	▲	△	
	同事访问	▲	▲	▲	△（秋冬）	▲	△	△	▲	△	△	△	▲	▲	▲	△	△	▲	△	
	正式访问	▲	▲	▲	△（秋冬）	▲	△	△	▲	△	△	△	▲	▲	▲	△	△	▲	△	
	正式会见	▲	▲	▲	△（秋冬）	▲	△	△	▲	△	△	△	▲	▲	▲	△	△	▲	△	
	正式会议	▲	▲	▲	△（秋冬）	▲	△	△	▲	△	△	△	▲	▲	▲	△	△	▲	△	
公务（商务）非正式场合	休闲星期五																			
	工作访问																			
	非正式访问																			
	非正式会见																			
	非正式会议																			
非公休闲场合	私人访问																			
	周末休闲度假																			

注：1. 女士常服按春、秋、冬面料以中厚精纺毛织物为主，呢绒和华达呢；夏季以棉、麻、毛、丝、丝与人造棉混纺的薄型织物为主。

2. 除了民族习惯、气候等特殊情况。一般不允许戴帽子；可配戴品质的手表及结婚订婚戒指。

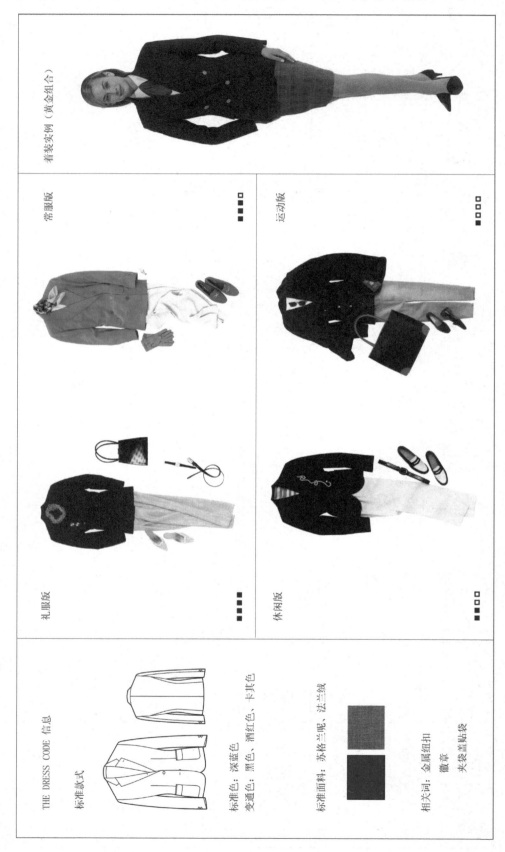

图 3-37 女士运动西装（Blazer）的搭配方案

表3-4　女士常服Blazer的搭配方案

女士常服BLAZER的着装规则

▲黄金组合　△得体组合（可选择项）　空白格有两种可能：一种为适当（不建议）一种为禁忌

服装搭配 / 服装礼仪级别 / 适用场合	主服 BLAZER 以BLAZER为基本款，色彩不限进行变化	配服 以公心为主，白色最佳 穿T恤	衬衫 (Shirt)	针织衫 (Cardigan)	灰色细条纹或本格子裤 (Skirt)	连衣裙 (Dress)	与上衣同质同色 (Trousers)	围巾 (Scarf)	帽子 (Cap)	领巾 (Cravat)	首饰 (Jewelry)	手提包 (Bag)	手表 (Watch)	长筒袜 (Long stockings)	长袜 (Stockings)	丝袜 (Stockings)	正式皮鞋 (Formal shoes)	凉鞋 (Sandals)	拖鞋 (Slippers)
公式化场合 · 婚礼仪式	△	△	△	△秋冬	△	△	△	△	△	△	△	△	△	△	△	与裤子搭配	△	△	
公式化场合 · 告别仪式	△	△	△	△秋冬	△	△	△	△	△	△	△	△	△	△	▲	与裤子搭配	△	▲	
公式化场合 · 传统仪式	△	△	△	△秋冬	△	△	△	△	△	△	△	△	△	△	▲	与裤子搭配	△	▲	
公务（商务）正式场合 · 日常工作	△	△	△	△秋冬	△	△	△	▲	△	△	△	▲	△	▲	▲	与裤子搭配	▲	▲	
公务（商务）正式场合 · 国事访问	△	△	△	△秋冬	△	△	△	▲	△	△	△	▲	△	▲	▲	与裤子搭配	▲	▲	
公务（商务）正式场合 · 正式访问	▲	▲	△	△秋冬	△	△	△	▲	△	△	△	▲	△	▲	▲	与裤子搭配	▲	▲	
公务（商务）正式场合 · 正式会见	▲	▲	△	△秋冬	△	△	△	▲	△	△	△	▲	△	▲	▲	与裤子搭配	▲	▲	
公务（商务）正式场合 · 正式会议	▲	▲	△	△秋冬	▲	△	▲	▲	△	△	△	▲	△	△	▲	与裤子搭配	▲	▲	
公务（商务）非正式场合 · 休闲星期五	▲	▲	△	△秋冬	△	△	△	▲	△	△	△	▲	△	▲	▲	与裤子搭配	▲	▲	
公务（商务）非正式场合 · 工作访问	▲	▲	△	△秋冬	△	△	△	▲	△	△	△	▲	△	▲	▲	与裤子搭配	▲	▲	
公务（商务）非正式场合 · 非正式访问	▲	▲	△	△秋冬	△	△	△	▲	△	△	△	▲	△	▲	▲	与裤子搭配	▲	▲	
公务（商务）非正式场合 · 非正式会见	▲	▲	▲	△秋冬	△	△	△	▲	△	△	△	▲	△	▲	▲	与裤子搭配	▲	▲	
公务（商务）非正式场合 · 非正式会议	▲	▲	▲	△秋冬	△	△	△	▲	▲	△	△	▲	△	▲	▲	与裤子搭配	△	▲	
非公务休闲场合 · 私人访问	▲	▲	▲	△秋冬	△	△	△	▲	▲	△	△	▲	△	△	▲	与裤子搭配	△	▲	
非公务休闲场合 · 周末休闲度假	▲	▲	▲	△秋冬	▲	△	▲	▲	▲	△	△	▲	△	▲	▲	与裤子搭配	△	▲	

注：1. 女士常服BLAZER春、秋、冬面料以中厚精纺毛织物为主。如花呢、哔叽和华达呢；夏季以棉、麻、毛、丝及与人造纱线混纺的薄型织物为主。
2. 除个民族习惯、气候等特殊情况，一般不允许配戴帽子。可配戴高品质的手表及结婚或订婚戒指。

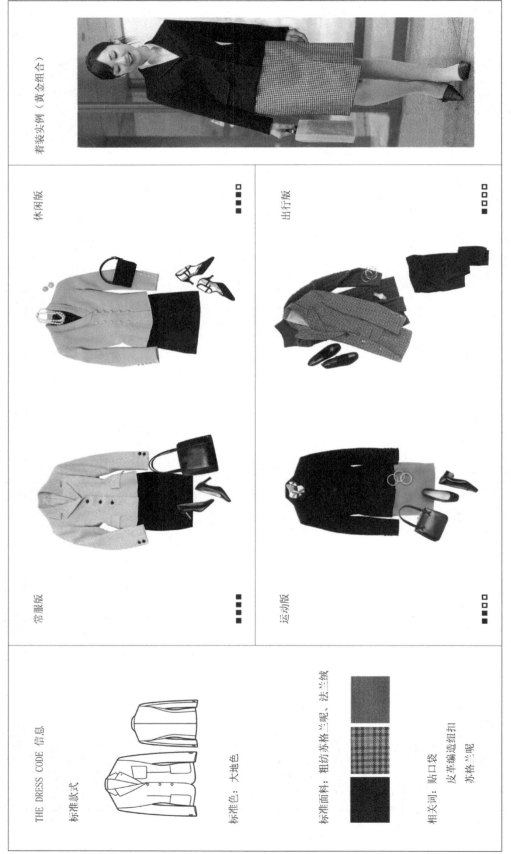

着装实例（黄金组合）

休闲版 ■■■□

出行版 ■□□□

常服版 ■■■□

运动版 ■□□

THE DRESS CODE 信息

标准款式

标准色：大地色

标准面料：粗纺苏格兰呢、法兰绒

相关词：贴口袋
　　　　皮革编造纽扣
　　　　苏格兰呢

图 3-38　女士休闲西装（Jacket）的搭配方案

表3-5　女士常服Jacket的搭配方案

女士常服JACKET的着装规则

▲黄金组合　△得体组合（可选择项）　空白格有两种可能：一种为适当（不建议）　一种为禁忌

| 服装礼仪级别
适用场合 | 主服
JACKET
（以JACKET为基本款进行变化，色彩不限） | 配 | | 服 | | | 配 | | | | | | 饰 | | | | | |
内穿上衣（以舒心为主的内穿上衣，白色最佳）	衬衫 (Shirt)	针织衫 (Cardigan)	与上衣同颜色 (Skirt)	连衣裙 (Dress)	牛仔裤 (Trousers)	围巾 (Scarf)	帽子 (Cap)	领巾 (Cravat)	首饰 (Jewelry)	手提包 (Evening bag)	手表 (Watch)	长筒袜 (Long stockings)	长裤 (Stockings)	短袜 (Stockings)	正式皮鞋 (Formal shoes)	凉鞋 (Sandals)	拖鞋 (Slippers)
公式（正式）化场合　婚礼仪式	△	△						△	▲	△	△	△	△	△	△	与裤子搭配	△	△	
告别仪式	△	△						△		△	△	△	△	△	△	与裤子搭配	△	△	
传统仪式	△	△						△		△	△	△	△	△	△	与裤子搭配	△	△	
公务（商务）正式场合　日常工作	△	△	△	△秋冬	△	△	△	△	▲	△	△	△	△	△	△	与裤子搭配	△	△	
同事访问	△	△	△	△秋冬	△	△	△	△	▲	△	△	△	△	△	△	与裤子搭配	△	△	
正式访问	△	△	△	△秋冬	△	△	△	△	▲	△	△	△	△	△	△	与裤子搭配	△	△	
正式会见	△	△	△	△秋冬	△	△	△	△	▲	△	△	△	△	△	△	与裤子搭配	△	△	
正式会议	△	▲	△	△秋冬	△	△	△	△	▲	△	△	△	△	△	△	与裤子搭配	△	△	
公务（商务）非正式场合　休闲星期五	▲	▲	▲	△秋冬	▲	△	△	▲	▲	△	△	△	△	▲	△	与裤子搭配	▲	▲	
工作访问	▲	▲	▲	△秋冬	▲	△	△	▲	△	△	△	△	△	△	△	与裤子搭配	▲	△	
非正式访问	▲	▲	▲	△秋冬	▲	△	△	▲	△	△	△	△	△	△	△	与裤子搭配	▲	△	
非正式会见	▲	▲	▲	△秋冬	▲	△	△	▲	△	△	△	△	△	△	△	与裤子搭配	▲	△	
非正式会议	▲	▲	▲	△秋冬	▲	△	△	▲	△	△	△	△	△	△	△	与裤子搭配	▲	△	
非公务休闲场合　私人访问	▲	▲	▲	△秋冬	△	△	△	▲	▲	△	△	△	△	▲	△	与裤子搭配	▲	▲	
周末休闲度假	▲	▲	▲	△秋冬	△	△	▲	▲	▲	△	△	△	△	▲	△	与裤子搭配	△	▲	△

注：
1. 女士常服JACKET春、秋、冬面料以中厚料的毛织物为主，如花呢、啥叽和华达呢；夏季以棉、麻、毛、丝与人造纤维混纺的薄型织物为主。
2. 除了民族习惯、气候等特殊情况，一般不允许戴帽子；可配戴高品质的手表及及结婚戒订婚戒指。

训练题

1. 西装的"三剑客"是指哪三种西装？它们的英文表述是怎样的？

2. 为什么说西服套装（Suit）具有表达进入职场的一切信息？它的造型特点（标志性元素）、搭配规则和变通技巧是怎样的？

3. "老鼠文化"指的是什么？它有怎样的职场取向？

4. 举例说明西服套装的升级搭配和降级搭配。

5. 运动西装（Blazer）通过哪些语言元素诠释着它的英式贵族血统？它本身的社交取向与西服套装（Suit）和休闲西装（Jacket）有什么不同？举例说明通过怎样的技巧实现职场表现的不同品味？

6. 在运动西装中，搭配苏格兰格裤、灰色西裤、驼色卡其裤、白色休闲裤、牛仔裤以及小格纹衬衫、阿斯克领巾有怎样的社交暗示？

7. Jacket 为什么说走的是西装的休闲路线？举例说明通过怎样的技巧应对职场变化（如升级版休闲西装）和表现不同的品味？

8. 利用三种西装的基本元素，举例说明各自的基本配置、升级配置和降级配置。它们各自的社交取向如何？

9. 女士职场服装的基本配置：西装上衣不变，搭配裙子、连衣裙、裤子，分别暗示怎样的风格取向？加入 Suit、Blazer、Jacket 搭配特点会产生怎样的社交取向？

第四章

优雅的细节体验

　　"细节决定成败"是职场的成功法则，同样也表现在着装上。在不同场合穿着得体的服装是打造职场形象最基本的准则，如何穿出品位则体现在对着装细节的把握上，着装的细节相对于整体更能反映着装者的修养。如穿着深色西服套装坐下之后露出白色袜子；领带下端超过腰带5cm；穿西服套装不系领带……在一个准社交场所，这些细节暴露了他是个初道者或不懂着装规则的人。因此，我们需要认识这些细节并解读这些细节密码，最后恰如其分地运用它们。

一、经典服装不可忽视的细节

　　"THE DRESS CODE"之所以钦定经典服装，是因为它们的每一个细节都经历了时间的锤炼，都承载着耐人寻味的信息，一方面经典服装严格的着装规制决定了它的使用方式；另一方面是由男装的程式化、功用性和历史传承性决定了经典服装细节所具有的密码特征，而对这些细节的把握是绅士着装的魅力所在。

（一）文明杖及背带

　　文明杖在我们看来绝对是"道具"，跟职场没有任何关系，即便是准贵族或绅士也很少使用它，但如果对它的身世秘密和寓意了解清楚并能恰如其分地使用它，对于着装却是具有加分的细节。甚至通过这些细节可以判断是否是一部成功的好电影作品，如《泰坦尼克号》《国王的演讲》《断背山》《女王》等这些电影作品是成功的，因为在服装上我们看不出任何瑕疵，有人不认同这种观点，认为影视作品总是"过去时"的，说明不了今天，然而作品与作品在表现时间上的跨度少则几十年多则上百年，像《泰坦尼克号》《国王的演讲》与《钢琴师》《女王》所描写的历史背景相差了1个多世纪，但以燕尾服为代表的经典服装，不仅形态没有改变，使用方式也没有丝毫变化。这正是绅士服装细节魅力的所在，不变的细节

①《钢琴师》和《泰坦尼克号》主人公着装的燕尾服，但背景不同命运也不同。《泰坦尼克号》男主人公因为拥有了一套地道的燕尾服出入上流社交场所时如入无人之境，当失去它时却寸步难行

②英国国王乔治六世的出行版柴斯特外套与圆顶礼帽、羊毛围巾、领带、羔皮手套恰如其分的绅士搭配

③"断背山"两个男主角的羔皮夹克（左）和短版巴布尔夹克

④"女王"因狩猎而选择的巴布尔夹克

图 4-1　影视作品中人物着装细节的绅士密码

图4-2 钩柄手杖或雨伞
成为晨礼服标志

是经典服装的灵魂（图4-1）。文明杖分为钩柄手杖和球柄手杖，这暗示着它们有各自的历史掌故和社交归宿。钩柄手杖只与晨礼服相配，其造型源于伞的手柄，渗透着伦敦贵族文化。伦敦是一个多雨的城市，贵族出门时往往携带一把雨伞，后来演变为手杖，成为晨礼服的黄金搭配（图4-2）。燕尾服手杖为球柄手杖，球柄多用贵金属制作，在夜间可以闪闪发光以此来显示身份及地位，它是法国传统贵族夜生活的经典道具（图4-3）。单看文明杖有各种款式的手柄，但千万不能用错场合（图4-4）。背带也是绅士着装常见的服饰品（图4-5）。当然，不能只从一个细节入手，必须综合其所有的细节才能作出准确判断，而且礼服级别越高细节的规范性越强，换句话说随着礼仪级别的降低，细节的变通空间也越大，但掌控起来会变得更难，因为你需要掌握更多的应变知识和社交新规则。

图4-3 球柄手杖为燕尾服
标志性的道具与法
国的绅士文化有关

图4-4 手杖的细节

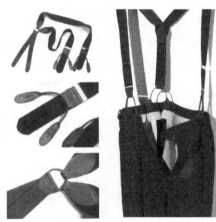
有品质的背带卡头是皮质的

背带作为礼服元素用于休闲着装
中体现轻松与活泼（多用于夏季）

提示：腰带不能和背带同时使用

提示：背带不宜暴露

图4-5 背带使用细节与提示

（二）袖卡夫和链扣

在西装传统的穿法中还有一个易被忽视的细节，即双层袖卡夫和卡夫链扣，它是彰显男性品位的细节，也是考究衬衫品质的标志。尽管卡夫链扣体积小，但会提高整体着装的品位。在内穿衬衫中卡夫链扣与双层袖卡夫搭配可以视为最隆重的组合，当然，根据礼服级别的降低也可与衬衫的单层袖卡夫配合使用，普通衬衫的标准袖卡夫作为通用样式使用不需要配链扣。卡夫链扣是由两个正负扣子通过中间的连接柱或链条固定到双层袖卡夫上，卡夫前端露出外衣在2cm以上，为控制好这个尺寸通过在袖肘部的调节环来完成（图4-6）。卡夫

图4-6 控制衬衫袖长的调节环

链扣造型丰富多彩，有几何型也有马型、狗型、鱼型等具象造型，来用贵金属中的金、银或各种宝石制作而成，其价格比衬衫本身还贵，是高品质的男装饰品（图4-7）。卡夫链扣不仅与礼服搭配，也可与西服套装、运动西装和休闲西装的双层袖卡夫衬衫相配，当然这也会提升它们高贵的品质。总之，在礼服以外使用卡夫链扣一定要从整体上考虑，不能使人产生过分装饰的效果，最有效的方法就是充分发挥细节的"功利性"。诚然，卡夫链扣与运动西装、休闲西装搭配时一定要系领带，这可以使休闲西装也能像礼服一样讲究而提升品位，这其中的细节作用功不可没。

链扣的种类

链扣的用法　　　　　各色领带要配合链扣卡夫

图4-7 衬衫饰品卡夫链扣配合各色的领带扎法

二、如何判断优雅、得体、适当和禁忌的服装形态

"THE DRESS CODE（国际着装规则）"不仅成为我们着装的指南，同时也成为判断人们着装品位的方式。基于对"THE DRESS CODE"的研究和学习的深入，我们把着装状态从整体搭配到细节等各方面因素综合起来划分为四种认知形态，即优雅、得体、适当和禁忌，而且这些都是通过细节的综合把握才能得到正确的判断。优雅是指穿着的考究，注重服装传统元素的规范组合与个人的身份、地位、体型条件完美结合，整体追求高雅气质与绅士风度；得体指着装讲究个性但整体搭配符合"THE DRESS CODE"规制；适当指对着装不是很讲究，缺少对服装细节的精确把握，符合"THE DRESS CODE"的基本要求但处于禁忌的边缘；禁忌指违背着装规则，并缺乏着装的基本修养，在社交和职场中会给他人带来不适感。

对于得体与适当之间的区别，我们可以这样来理解：得体是仅次于优雅的一种状态，适当则是离禁忌较近的状态。这两种状态之间没有明确的界限，靠"THE DRESS CODE"知识系统的认识程度，在划分不明确的时候往往归为一类，或得体或适当。

以日常工作中的 Suit 为例来解读优雅、得体、适当和禁忌这四种着装状态。从 Suit 本身来说，色彩以深蓝和鼠灰色为标准色，可以说它是这种服装最高贵的色调，而其他较为深沉的色调如褐色、深赭色以及各种有色彩倾向的灰色等属于得体与适当范围，它有对某些色调偏爱的成分，但在"THE DRESS CODE"中是可以接受的，个性化 Suit 也就由此产生但风险也会增加。亮色调如明黄、大红等较为鲜艳色为 Suit 中的禁忌，它可能用在特殊身份着装的西服套装中，如医生、门卫、志愿者等，但不用在社交和职场。从搭配细节来看，如果 Suit 上衣左胸口袋里放有麻质手巾或丝巾，选择时要考虑与衬衣、领带色调的呼应才会显得高雅，如果没有手巾作装饰可视为得体，当然这是在一个比较正式的场合，如果出现异类的东西如钢笔、麦克笔之类那就是禁忌了。背心虽然与现代简洁、快节奏的生活方式不太适应，却是优雅着装不可或缺的一部分，而且六粒扣背心最末端一粒是打开的，这个细节很重要。白衬衫在日常工作中几乎总是最为优雅的选择，其他衬衫根据花纹的不同可划分为得体组合，如高调单色衬衫、牧师衬衫、条纹衬衫；适当组合为格纹衬衫，这其中表达了个性的创造性运用，如果在细节上运用得恰如其分也会升格为高雅。但是，外穿衬衫不管是从结构上还是从图案上都不适合内穿，特别是鲜艳的花式衬衫在 Suit 中属于禁忌。暗条纹或灰色领带是日常工作中最为优雅的选择。处于得体与适当范围的是明条纹领带和抽象图案领带，不规则图案和具象图案，尤其是具象图案的领带，如有鸟兽、交通工具、户外用品作为图案的领带处于禁忌范围。袜子在日常工作中，灰色和黑色为优雅级别，而暗花纹为得体和适当，鲜艳色袜子为禁忌。棕色压花皮鞋为优雅选择，休闲皮鞋是日常工作中的得体或适当选择，黑色牛津鞋则显得过于正式处于得体状态，运动鞋属于禁忌（图4-8）。

总之，对于四种着装状态的理解和学习需从着装的整体搭配、细节入手，按时间、地点、场合的不同，整体把握，灵活运用。从理论上讲，根据"THE DRESS CODE"圈定的每一

类经典服装，越接近"黄金组合"就越接近高雅，当然越远离它就越容易陷入"禁忌"的泥潭，这虽然过于机械，但易操作而有效，特别是对于初道者很实用。根据这些经验举一反三都可以得出各类服装有关优雅、得体、适当和禁忌的解读。

①男士的西装不太讲究，但也没有明显的错误，这就是所谓的"适当"，谈不上"得体"，原因是它不是地道的Jacket（休闲西装），但利用了它的搭配方式；保持休闲西装的风格，但用了吸烟服的面料，且配上礼服常用的白色手巾，整体上没有犯忌而个性概念突出

②灰色的西服套装配驼色的巴尔玛肯外套、浅驼色软呢帽、暗纹深色丝巾、深灰色羊毛围巾、钩柄手杖，这是一个最完美的常服组合，因为每个元素反映的都是作为常服的本色流露，这就是"高雅"。如果将驼色巴尔玛肯外套换成黑色，配白色丝巾（左外套组合）就会降为"得体"，尽管外套升格为礼服外套（黑色和白色丝巾的暗示），但与作为常服的西服套装搭配并不是最佳组合

图4-8　通过细节和整体解读西装的优雅、得体、适当和禁忌

三、领带的讲究

改革开放初期，中国发明的"一拉得领带"为什么昙花一现，因为它剥夺了领带可以慢慢品味优雅文化和生活的权利。领带作为男人的一种饰品，由于它所处的位置与人的面部最近，位于视觉中心，在着装形象中的地位远远高于其他饰品。领带被视为"西方男权文明的象征"，其鼻祖可追溯到公元2世纪罗马士兵脖子上戴的"佛卡尔"（Focal），一条用来防寒的毛织物带子。从领带的结构形制来看，其直接来源是17世纪克罗地亚士兵围在脖子上的一条亚麻布带"克拉巴特"（Cravat），总之它们都跟防寒的功用有关。它命运的改变是当时无领长衣究斯特科尔的流行使得男士硕大的假发和上衣外展的底摆之间突兀的颈部位置缺少一种过渡的装饰，克拉巴特正好填补了这个空白，这使领带的运用从功能到装饰成为必然。

系领带往往被认为是正式着装，这显然缺乏对其历史认识的"应时"判断，其实在历史中领带的正式程度是靠形制状态区分的，在贵族中不系领带根本就是禁忌，这一传统在今天的主流社交界并没有消失，仍然是优雅的标签。重要的是，领带的讲究并不意味着它不具有休闲、时尚的特性，我们可以通过对领带的系法、色彩、图案和面料的分析得知这些既古老又现实的礼仪知识。

第一，黑色领带礼仪级别最高，使用场合也最为固定，一方面用于哀悼仪式、告别仪式中，表现一种正式、静穆、哀伤的氛围；另一方面与之恰恰相反，在很正式的晚会中，黑色领带往往被演艺界明星拿来表现个性与叛逆，但在这种场合下黑色领带通常采用反光面料。

第二，银灰色领带与黑色领带级别相当，但多用于公务、商务正式场合，特别是首次的正式出访或会见，表示对此次会见的重视。银灰色领带与深蓝色西服套装组合会大大提升社交形象，可以说是日间公务、商务正式场合的指标性装备，因此银灰色领带也是晨礼服、董事套装这些日间礼服的标志性元素（见图4-2）。

第三，条纹领带对职场社交来说最为保险，它暗示信任、可靠、力量的团队精神。细条纹领带传递出职场人士既精明又绅士的风度，粗条纹领带给人以诚实、力量感，这些暗示恰能与现代人追求的进入品质又不失绅士格调相吻合。

第四，几何纹图案尽管比斜条纹复杂，给人一种强烈的秩序感和规则感，但有些矫情的味道，因此它与Suit组合只能是"适当"一级，但与Jacket组合则是"正当防卫"。

第五，不规则图案领带是一种休闲、放松、自由精神的体现，受流行影响较大，常用于休闲星期五环境中与Blazer和Jacket组合。

第六，自然图案和具象图案领带是户外运动的表现，花、鸟、鱼、虫、自行车、猎枪等纹样都来源于户外狩猎、户外休闲，可以说这两种图案的领带礼仪级别是最低的。

可以说不规则图案、自然图案和具象图案领带所表现出来的张扬性和图解性（具象图案）决定了与运动西装、休闲西装和户外服为伍的命运（图4-9）。

图4-9 领带的图案对礼仪级别的暗示

在所有的领带当中，斜条纹领带使用得最为广泛并不是偶然的，与它的身世和历史有关。它出现于19世纪80年代的英国，当时多用于大学社团、军团及俱乐部中，按规定通过不同底色和图案的不同组合成为各种团体的象征，而且斜条纹是自右上至左下的排列。据说是根据苏格兰格子的贵族族徽格式演变而来，表现了团队的凝聚力。以至于后来非英国居民为了找到这种归属感也系斜条纹的俱乐部领带以体现自己的贵族品质，可见斜条纹领带在国际社交中具有崇英和高贵的暗示。其实它的深层意义是选择了它表明为个体所具备的团队精神，这就是斜条纹领带在公务、商务职场中地位所不能动摇的历史原因（图4-10）。

领带系法虽然没有像图案那样丰富，但也分宽结法、中庸法和细结法三种系法。领带最基本的系法是英国人创造的，也是最复杂的系法。四步活结法（The Four-in-Hand）、蕴莎结（The Windsor Knot）和半蕴莎结成为社交中最普遍的系法。四步活结法用途最广，造型也最为吸引人，较长的领结拉长了人的颈部，稍微有些倾斜的外轮廓线使领带有一种不经意的不对称效果。这种系法既适用于厚面料制成的领带又适用于薄面料制成的领带，可与所有领型的衬衫搭配，也是最普遍使用的系法。蕴莎结讲究对称性，它的宽厚特点与其系法的复杂精细，常与宽大的衣领（蕴莎领）配合使用，从而显得更为优雅与精致。半蕴莎结相对前两者是最简单的一种系法，适用小巧的衬衫领，可以说是一种快捷的打结方法（图4-11）。

领带的长度最低到腰带或裤腰的上边缘，领结造型要与衬衫领相配合，不能系得太紧或太松，要有立体感，从侧面看成一条漂亮的弧线，有时还需要一些必要的手段如饰针领托起领带。

苏格兰高地警卫团　国家商船队

皇家汉普郡军团　禁卫兵骑兵团

斯坦福郡军团　英国皇家舰队　皇家军团先锋

图4-10　斜条纹领带象征团队的凝聚力（斜条纹图案的原属性已经变成流行元素）

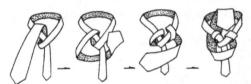

宽结法（蕴莎结）配合宽企领使用

中庸法通用（四步活结）

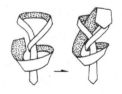

固定领带的饰钉

细结法配合窄企领使用（半蕴莎结）

图4-11　领带的三种系法

四、鞋与袜在社交中的重要性

"脚上无鞋穷半截"，这虽然是俗语，但却是社交的箴言。从整体着装上看，鞋和袜是一个美好乐章最后的收关之笔，它的作用完全不亚于围绕头冠设计的开篇乐章。根据社交的基本要求，至少要有两双质量上乘的中性皮鞋，所谓中性皮鞋是指可以与全天候西装（Suit）搭配的黑色牛津鞋和棕色压花皮鞋，前者用于较正式，后者用于常规搭配或偏休闲场合。每双鞋子在穿着一到两天之后就需要更换使之恢复一下造型，这一方面是基于皮鞋保养的考虑，另一方面满足自身职场形象的变化。如果考虑升级配置或更多的社交场合需求，还要细致规划。当然是根据服装的升级配置进行的，就正式礼服而言，按照鞋子使用的时间可划分为晚上使用的漆皮鞋和白天使用的牛津鞋，漆皮鞋鞋面非常光亮，仅适合与正式晚礼服搭配。牛津鞋则是全天候礼服皮鞋，按照鞋子的礼仪级别可划分为正式皮鞋、休闲皮鞋、运动鞋和拖鞋。正式皮鞋以牛津皮鞋为经典，它又分为内耳式和外耳式两种，内耳式皮鞋（Formal Shoes with Closed Lacing）即鞋顶面两边系鞋带的双耳缝制在两侧鞋帮的下层，外耳式皮鞋（Formal Shoes with Open Lacing）则缝制在两侧鞋帮的上层，它们在前端都有呈三块皮料相接的接头结构，俗称三接头皮鞋。在皮鞋中它们的密闭性更好，且形制古老，礼仪级别也更高。

鞋面带有雕花装饰亦称压花皮鞋，在19世纪非常流行，它起源于传统的苏格兰皮鞋，雕花工艺是通过穿孔雕刻图案完成的，来源于乡村女士皮鞋。由于其乡村和民间因素较多使它比源于城市的牛津鞋更为粗犷，礼仪级别比纯净面的皮鞋要低，成为常服西装的黄金搭配，但比异形皮鞋高雅。日常休闲的浅口乐福便鞋和修道士鞋，成为休闲西装和户外服组合的经典元素（图4-12）。

纵观鞋的正式、非正式到休闲的全过程，在其造型元素性格上表现出明显的规律性，如果从正式到非正式的程度判断的话，传统型高于异型、亮质高于毛质、黑色高于浅色、系带高于非系带、素面高于花面，总之，隐性元素高于显性元素，其实这也是社交职场的普遍原则。

鞋与袜子在整体装束中总是被认为是无足轻重之处，但在社交中却是最不能被忽视的地方，在社交中，这个细节的失手往往是致命的，例如当一次重大项目谈判时，彼此坐定沙发，足踝间露出雪白的运动袜，这基本预示了谈判的失败，而失败方并不知道原因所在。

职场中袜子的颜色是个敏感区，在选择上如果缺乏这方面的知识，不分场合我行我素是职场的大忌。花色和质地往往成为选择袜子的第一要务，其实比图案和质地更容易被忽视的是袜子的长度。黑色长筒袜一定是礼服袜，它可以达到小腿中部，只有这样才能保证坐下的时候不会露出小腿的皮肤，当然这是在Suit以上的服装环境中的要求（图4-13）。选择袜子的颜色和图案，在职场中最基本的原则是保证不要使袜子与配服，特别是裤子颜色形成强烈的对比，无论在什么情况下都要与整体服装相协调。例如，当你穿一件运动西装（Blazer），下身搭配亮灰色法兰绒裤子，配一双乐福便鞋，穿一件浅蓝色衬衫，系一条蓝色底纹和酒红色条纹的领带，这无疑可以算得上是"高雅组合"了。那么袜子选择深蓝

造型风格

礼仪级别

高

漆皮鞋
■ ■ ■ ■ ■

低

内耳式和外耳式牛津鞋
■ ■ ■ ■ □

压花及异型皮鞋
■ ■ ■ □ □

休闲皮鞋
■ ■ □ □ □

乐福便鞋
■ □ □ □ □

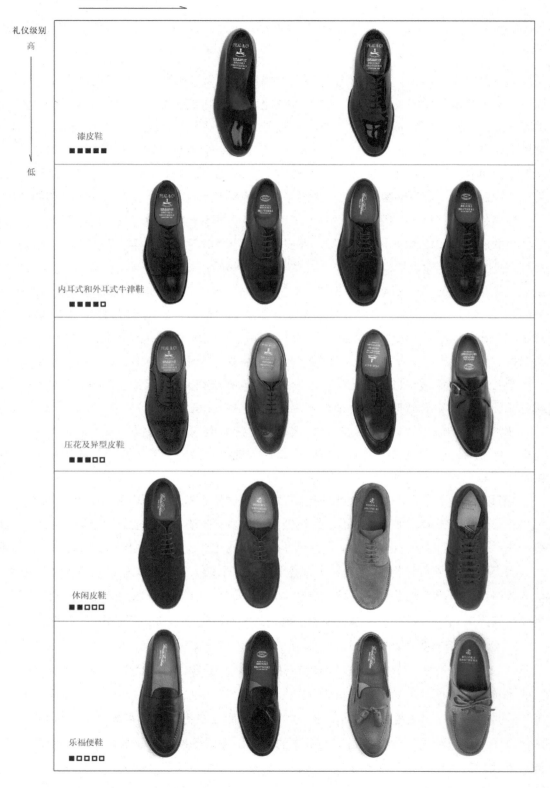

图 4-12　皮鞋的礼仪级别和造型风格

色与 Blazer、浅色衬衫和领带底色相呼应，可以说是一首醇厚的古典乐曲，因为它遵守了古典美学的"三一律"精神。当然也可选择葡萄酒红色的袜子，与领带的酒红色相映成趣，而成爵士乐风格。如果对颜色选择没有把握，黑色和深灰色这些常规礼服配袜是最保险的选择。

　　总之，在选择袜子的时候一定要考虑主服、配服和配饰的关系。有图案的袜子亦是如此，如果对有图案的袜子没有把握，可根据面积最大的图案与配服配饰色调相协调的原则来搭配。要注意的是有图案的袜子更适合非正式和户外的休闲场合，在正式社交和职场中要慎用。不穿袜子是禁忌，但这种装束在户外休闲装搭配中可大显身手。由此可见，袜子的选择仍有它的社交基本准则，它的正式到非正式和隐形与显性元素的把控原则与鞋子有异曲同工之妙（图4-14）。

 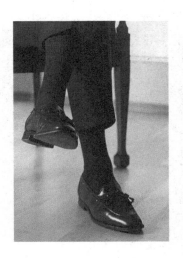 

不雅　因袜子太短暴露皮肤　　　　　　正确　　　　　　　合理　在休闲打扮中可以不穿袜子

图 4-13　袜子的正确穿着方式

  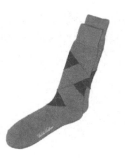 

黑色袜子　　　　　　暗条纹袜子　　　　　　带图案袜子　　　　　　运动袜

■■■■　　　　　　■■■□　　　　　　■■□□　　　　　　■□□□

图 4-14　袜子的礼仪级别

训练题

1. 钩柄手杖和球柄手杖暗示着什么?

2. 从成功的影视作品中观察"THE DRESS CODE"的服装密码。

3. 使用裤子背带宜犯的错误有哪些?

4. 为什么有链扣卡夫的衬衫要系领带?

5. 通过职场社交案例和个人规划判断优雅、得体、适当和禁忌服装形态的操作方法。

6. 黑色领带、银灰色领带、斜条纹领带和具象领带在职场中分别暗示着什么?

7. 为什么要坚守领带的不同系法? 它具有怎样的社交取向?

8. 漆皮鞋、三接头牛津皮鞋和压花皮鞋分别暗示怎样的社交取向?

9. 从正式到非正式通过哪些因素判断鞋的社交取向?

10. 社交正式场合选择怎样的袜子最保险? 这种场合明显的禁忌是什么?

第五章

成功人士的衬衫

　　成功人士对细节的关注使衬衫在现代职场中变得越来越举足轻重了，不管是公务、商务活动还是休闲娱乐，衬衫有时扮演的角色是其他服装不能替代的，可以说，不论是男女，衬衫已经具有了主服和配服的双重身份。对此很多人都不以为然，认为衬衫不过是穿在西装里边的内衣，对于表达个人着装修养和品位来说微不足道。事实恰恰相反，正如美国一位资深时尚评论家 Robert Burns 所言："我们大多数人在进入办公室开始工作之后，不自觉地就会把西装脱掉而穿着衬衫，衬衫对于着装者个性和品位的表达便显得格外重要。并且，我们每天在办公室里十分之九的时间是坐在桌子前面，桌子下面的下半身甚至可以光着屁股。"可见衬衫是职场的最后防线也是有效的防线。

　　另外，全球化关注低碳生活是人类对自然过度索取的自省，已经不是理论上的争论而是付诸行动了。夏季衬衫作为日常服装单独穿着也体现了环保意识，在易于散出人体热量的同时，人们便可以适当调高办公室空调的温度以减少碳的排放，这恐怕是率先表现在现代公务、商务节俭、高效、务实精神上人们的责任和义务。这是现代职场形象提高衬衫效用的必然趋势和职场服装的新格局。

　　可见，现今意义上的衬衫开始慢慢摆脱了西服套装的陪衬地位发展为夏季常服，可谓是独当一面的主服。面对款式多样、图案各异的衬衫家族，如何进行衣橱的规划，也是考验现代公务、商务人士的智慧。

一、白衬衫从贵族血统到白领标签

早在 19 世纪，"白领"就成为贵族的标志，后来扩展到工商界，到近现代成为中产阶层的代名词，然而它丰富的内涵直到今天仍被错误的解读，所以导致了职场中"金领""银领"的出现，其逻辑不外乎，金、银总是比白色名贵，所以金领高于银领，银领高于白领。因为在"THE DRESS CODE"中的文化逻辑刚好相反，"白领"与最朴素和实用的白色衬衫有着千丝万缕的联系，是由贵族高雅的生活方式和两百多年的历史积淀塑造的优雅品质的结晶。衬衫在产生之初，都是套头形式的，并且是作为外衣来穿着，直到 18 世纪，衬衫才被穿到里面，只露出领子，从此被认为是内衣。既然是内衣就属隐私部分，特别是有身份的人不能直接示人，直到现在，欧美国家职场中的男士在没有被允许的情况下脱掉外衣而穿着衬衫办公被认为是不礼貌的，尤其是有女士在场的情况下。当然，今天的职场为了营造一个轻松的工作氛围，穿着衬衫工作慢慢为大众所接受，低碳生活促使它成为一种季节性主服的必然。美国总统奥巴马在白宫与其内阁成员谈话时为了激发轻松的谈题而脱掉西装，这会使严肃的议题变得轻松而提高效率。在外交上也慢慢被国际社会所接受，而成为非正式的社交惯例，在公务和商务中也是一种社交的文明与进步（图 5-1）。

①俄罗斯总统梅德韦杰夫和美国总统奥巴马穿着衬衫吃汉堡喝可乐交谈，说明这一定是非正式会见，也传递着很有玄机的外交信息　②奥巴马允许内阁成员脱掉西装讨论轻松的话题

图 5-1　穿着衬衫成为非正式社交的国际惯例

白色衬衫是社交中永恒的选择，衬衫在历史的发展中选择白色作为主要色彩并不是偶然的。从人的心理感受来看，衬衫作为内衣与人的皮肤直接接触，需要干净、卫生的色彩，白色在色彩系统中是最洁净的颜色，自然成为最合适的衬衫色彩。从色彩学来看，白色作为一种无彩色可以与其他有彩色的服装很容易融合到一起，白色又是与其他服装搭配的万能色，并起着衬托的作用，以白色作为背景搭配其他颜色，最容易协调。从色彩的象征性来看，白色往往与纯洁、朴素、直爽、干练、高效、务实的性格相联系，而这些正是白领必备的品质，体现在人们的着装上，选择白衬衫也正是对这种精神的追求。从历史的角度看，白色衬衫自古以来就渗透着浓厚的绅士文化，这种文化恒久的生命力正是顺应了它的这些自然属性。从 19 世纪初英国名绅布鲁梅尔倡导以来，经过 19 世纪英国著名贵族柴斯特菲尔德伯爵为儿子

所著的"绅士风度指南"和他开创的沙龙文化的历练，成为绅士的密符，今天"白领"成为社会精英和中产阶级的代名词与此历史渊源密切相关。英国工业革命开始之初，随着资本主义的迅速崛起，大兴实业之风，商务社交场合增多，穿着白色衬衫显示着高雅和体面的生活方式和品位，是因为白色衬衫很容易被弄脏，而清洗白衬衫需要花费很多的时间和金钱，需要经常更换衬衫。当时只有有钱人才能买得起几件白衬衫和付得起清洗白衬衫的费用，这是体现贵族自身价值和地位的重要方式，因此热衷于穿着白衬衫便成为贵族的行为准则。因此，白衬衫自然地把贵族和普通人分别开来，也就形成了现今社会上"白领"和"蓝领"的两大阵营，"蓝领"仍然是从产业工人爱穿的"有色衬衫"衍变而来，但并非单指蓝衬衫，它更具象征意义。它广泛的社会性和良好的耐穿性也渗透到贵族的生活方式中，在非正式场合或户外活动中采用白色以外的有色或格纹衬衫，从而建构了一个从正式到非正式的衬衫帝国。

二、衬衫细节的社交取向

不管是白衬衫还是其他色彩的衬衫，如何得体、讲究的穿着和搭配并不是一件容易的事，重要的是对细节的把握和了解其背后的故事。比如 Suit(西服套装) 配白色衬衫时，领口和袖口都要露出外衣 1.5cm 以上，为什么？其实这是服装历史传承所积淀下来的文化基因。16 世纪的欧洲处于文艺复兴的后期即巴洛克时代，当时的男装变得优雅而壮观，却僵硬不舒服，尤其是高高的白色蕾丝呈轮状的拉夫领，不仅起装饰的作用，更重要的是装饰这种领子以后，贵族们便会摆出一副高傲的姿势。同样白色蕾丝制作的袖子也暴露在外面，其长度可翻折到肘弯处，以显示其财富和地位，到了 17 世纪拉夫领降低了高度变得更加实用（图 5-2）。这一贵族的穿着方式发展到今天，其作用并没有根本改变，如礼服衬衫领都会比一般的衬衫领高出 1cm 以上，并且硬挺度更大（图 5-3）。我们如何学习和了解这些细节，社交和职场只是一个实践的舞台，提高修养的关键是要作好"THE DRESS CODE(国际着装规则)"的功课。

① 16 世纪高高的拉夫领

② 17 世纪瑞典贵族弗朗斯·海尔骑士的蕾丝拉夫领高度降低

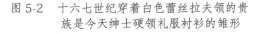

图 5-2　十六七世纪穿着白色蕾丝拉夫领的贵族是今天绅士硬领礼服衬衫的雏形

图 5-3　衬衫领口和袖口露出 1.5cm 左右

（一）衬衫经典领型的暗示

衬衫经典领型是在公务、商务社交的 100 多年来被固定下来的企领典型样式，流行、个性等因素对其影响很有限，因此也被视为永恒的时尚，这就需要认识它们基本形制的内涵和社交取向。

标准企领属于走中间路线的领型。领角大约 70° 左右，两个领角之间的距离适中，由于它的中规中矩，从礼服到休闲衬衫都普遍使用，对任何系法的领带都适合。如果缺乏对衬衫领型知识的了解和经验，选择这种领型的衬衫最为保险，但比较循规蹈矩（图 5-4 ①）。

宽展领又叫蕴莎领。它是 19 世纪英国王室温莎公爵最喜欢的一种衬衫领，在当时可以说是叛逆的领型，其典型的特征是左右翻领所形成的夹角较大，目的是让人们更为完整地看到领结，常常与宽大的蕴莎结配合使用，看上去比标准的企领更加有张力和玩世不恭的贵族气，创造了一种皇室气的前卫风范，今天在此基础上更加夸张，有些社交弄潮儿的味道（图 5-4 ②）。

饰针领是在靠近领角三分之一的位置用贵金属设计的饰针连接在一起，达到托起领带的目的，这是一种美国风格的领型。饰针的主要功能是将系好的领带托起，侧面观察形成漂亮的弧线，这是美国人追求英国绅士风格的极端化表现，而成为美国化的新古典风格。这种领型看上去虽然优雅，但金属饰针的反光往往容易使对方的注意力从脸上转移到饰针上有显富之嫌。这种领型在 20 世纪晚期最为流行，它受到唯美主义绅士的青睐。它能够成为今天的经典是因为它需要长时间来调整和打理领结，暗示出穿着者的精致和"讲究过程"的生活方式（图 5-4 ③）。

纽扣领属于非正式衬衫款式，它来源于英格兰的马球衫，领角用纽扣固定到衣身上，目的是防止运动员比赛的时候被风吹到运动员的脸上影响比赛。因此，这种领型的衬衫与休闲西装（Jacket、Blazer）搭配成为经典组合，而不善于和西服套装（Suit）搭配，与各种礼服搭配几乎就是禁忌。有色衬衫用这种领型很普遍也很适合，因此，它是白领"亚休闲"的典范，需要注意的是这种衬衫无论系不系领带，领角纽扣都要扣好（图 5-4 ④）。

① 标准企领　　② 宽展领　　③饰针领　　④纽扣领

图 5-4　经典领形的暗示

（二）衬衫袖卡夫的讲究

卡夫（袖头）是衬衫中除领子之外第二个引人注意的亮点。它有单层卡夫、双层卡夫和普通卡夫三种。双层卡夫来源于法国，又称为法国式卡夫，由于它结构的繁复和配搭珠宝链扣，因此适合与标准企领、宽展领和饰针领组合设计。休闲的纽扣领型衬衫往往与单层卡夫或普通卡夫相匹配。单层卡夫可以与任何领型相组合，但不如双层卡夫高雅、隆重。普通袖卡夫的衬衫是礼仪级别最低的衬衫，一般不用在礼服衬衫设计上。

贵金属链扣是男人的首饰，也是男人品位的体现，但在使用时要注意。首先，使用链扣的袖卡夫与普通袖卡夫不同，双层卡夫比一般卡夫宽一倍，使用时两个背面相叠，两个正面朝外，折成类似"n"型；普通袖卡夫是环形相扣形成"o"型。其次，链扣从外向内垂直通过双层袖卡夫的四个扣眼或单层卡夫的两个扣眼后固定，这个细节说明繁琐的扣饰总是比简单的扣饰级别要高、要讲究，这也是社交的"潜规则"（图5-5）。

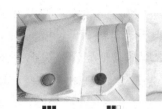

衬衫袖卡夫的三种级别暗示

袖扣的使用方法

卡夫链扣

着装实例

图 5-5　衬衫的卡夫和卡夫链扣

（三）衬衫的面料

面料作为服装造型的重要因素，特别是对于一件干净、整洁、舒适、直接接触皮肤的衬衫来说至关重要。近百年来衬衫的造型没有发生本质变化，面料却随着科技的进步不断更新，出现了棉涤、棉与高性能纤维混纺、夹丝等新型面料，也具有抗皱、易洗涤、有弹性、免烫等功能。但品质好的衬衫仍延续着用百分之百棉制作的传统，因为这是贵族社交传承下来的生活方式。从性能上看，纯棉面料具有更多优势，就像是人的第二层皮肤，穿着舒适，手感柔软，吸汗，透气性好，但抗皱差、易缩水，这就需要精心护理。纯棉面料容易着色和漂白，不宜掉色，这是其他混合面料都不能取代的。总之纯棉衬衫穿着舒适，需要花更多时间打理，需要每天更换，这些性能表达着一种生活品质，因此，衬衫面料中棉的纯度暗示着绅士的纯度。

（四）根据职场规则选择合适的衬衫尺寸考验白领的技术修养

由于在购买衬衫的时候是不允许试穿的，选购时最重要的是要知道适合你的领围和袖长，最好能精确到1cm。当购买全棉衬衫的时候，领子和袖子的号码要比你的实际号码大些，这是考虑到有可能发生的缩水量（尽管一般在制作时已作预缩处理）。否则，衬衫洗过以后会有缩减，尤其是领子会很紧，系上扣子之后，两个领角就会翘起来，使穿着者显得肥胖，最大的问题是穿着不舒服甚至擦伤皮肤，并且没有任何办法可以补救。衬衫的袖长以达到能盖住手腕部的尺骨头为佳，以保证胳膊弯曲时不易缩减太多。袖口的松紧度也要合适，防止抬起胳膊后袖口卡到西装的里面（图5-6）。

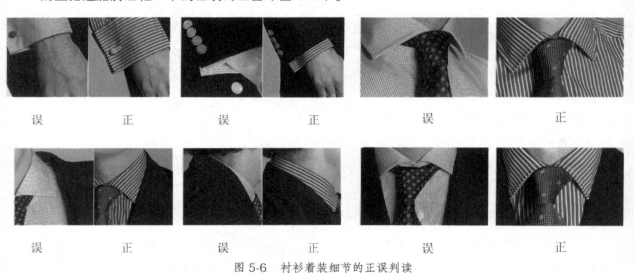

| 误 | 正 | 误 | 正 | 误 | 正 |

图 5-6　衬衫着装细节的正误判读

衬衫的衣身除了能使人坐下后感觉到舒服之外，不应有过多余量，否则会破坏外面的西装造型。当然合适的领子和袖子尺寸一定有合适的衣长比例，作为好的制品，这些细节的设计与技术一一到位正是品质的所在，这就是公务员和商务人士必须选择适合自己品牌的道理。所以，根据职场规则选择合适的衬衫尺寸也是考验白领的着装技术修养。

三、衬衫的礼仪级别

面对如此繁杂的衬衫系统，我们如何正确地选择和搭配以提高我们的职场形象，这仍然需要从认识"THE DRESS CODE"开始。根据"THE DRESS CODE"原则，衬衫分为包括与燕尾服、晨礼服、塔士多配套的专属衬衫和跟西装系统搭配的普通衬衫；根据色彩和图案从高到低的规制划分为白衬衫、高明基调衬衫、牧师衬衫、暗条纹衬衫、明条纹衬衫、格纹衬衫和花纹衬衫等；根据结构划分为内穿衬衫和外穿衬衫。

衬衫礼仪级别的划分以色彩和图案的不同为主要依据。白色衬衫历史最为悠久，包含的历史信息也最为丰富，重要的社交场合一直以来所有的礼服衬衫都是白色，可见其着装的礼仪级别是最高的。高明基调的衬衫是指那些有色彩倾向但明度较高的浅色系衬衫，这种衬衫给人一种干净利落并有色彩倾向的个性偏好或流行的视觉效果，其礼仪级别仅次于白衬衫。含有隐形条纹的浅色衬衫，往往给人一种含蓄、内敛、有秩序的感觉，可以说是一类有广阔个性表达空间的较正式衬衫。与它相同级别的还有牧师衬衫，这种衬衫的领子是白色，衣身以浅蓝色为主，亦可适用高明基调和隐条纹衣身，袖卡夫可以是白色也可以与衣身颜色相同，但领子必须是白色。牧师衬衫起源于美国，是当时美国社会的蓝领阶层追逐白领绅士而采用的一种"欺骗"设计，当它升格为绅士服时，用"牧师"掩饰"贫民"而争回面子，但无论如何牧师衬衫所含有上层社会服装民主进程的痕迹和包容性，被纳入到"THE DRESS CODE"品位衬衫的普系中，正因如此为这个国际社交的规则赋予了建设性与生命力。明条纹的衬衫属于正式场合里的一种外向型个性选择，细细的条纹体现着商务、公务人士的精明、干练与秩序。小格纹衬衫则明显带有俱乐部信息，它在所有内穿衬衫中礼仪级别最低，是一种很英国的休闲品质，它与运动西装（Blazer）、休闲西装（Jacket）组合成为黄金搭配。大格纹衬衫从结构上来讲属于外穿衬衫，其特点是格纹图案硕大，色彩对比强烈，采用粗纺面料的板型设计，结构因宽松而规整，穿着自如，其礼仪级别已经从内穿衬衫分离出来，可以作为休闲衬衫单独使用（图5-7）。

正式衬衫和休闲衬衫就是所谓的内穿衬衫和外穿衬衫的分别，两者之间的区别主要表现在花色、板型和制作工艺上。休闲衬衫的领子和卡夫采用无纺衬进行粘合，成品较为柔软；正式衬衫或内穿衬衫则采用硬质的风压衬粘合，领子和卡夫平整，挺度大。正式衬衫的领子比休闲衬衫的领子略高，有抑制头部"乱动"的作用，以强化着装者的职业感和高贵感。因此可以说，衬衫的领子越硬、越高，其礼仪级别也越高，反之则越低。

内穿衬衫在穿着方式上既可以组合穿亦可单独穿，当今在职场低碳生活的大趋势下，单穿衬衫已成为公务、商务人士在社交中迎接各种变术技巧的手段，如与外衣成套穿、单独穿、系领带、不系领带等等都是应对职场不同情况充满智慧的方法。值得探究的是，单穿衬衫的密码需要解读。如何选择夏季单穿衬衫以及如何搭配好领带，国际着装规则仍然是在隐性元素和显性元素之间拿捏正式和非正式的平衡（表5-1）。

图 5-7　衬衫的礼仪级别

表5-1　夏季单穿衬衫的搭配方案

夏季单穿衬衫的着装规则

▲黄金组合　△得体组合（可选择项）　空白格有两种可能：一种为适当（不建议）　一种为禁忌

衬衫类型 与领带的搭配 适用场合 级别	内穿衬衫						休闲衫		
	白衬衫	高调单色衬衫	牧师衬衫	浅色条纹衬衫	重色条纹衬衫	浅色格子衬衫	外穿衬衫	Polo衫	T恤衫
公务（商务）正式场合　日常工作	 ▲		 ▲		 △				
公务（商务）非正式场合　休闲星期五 / 工作访问 / 非正式访问 / 非正式会见 / 非正式会议	 △	 △	 △	 △	 ▲	 ▲	△ 不系领带	△	
非公务休闲场合　私人访问 / 周末休闲度假						 △	▲ 不系领带	▲	△

训练题

1. 为什么说"金领"和"银领"是暴发户心态？

2. "白领"和"蓝领"的内涵如何？它们各自的职场取向是怎样的？

3. 衬衫的标准领、宽展领、饰针领和纽扣领有什么职场暗示？

4. 衬衫的双层卡夫、单层卡夫和普通卡夫有什么职场暗示？为什么？

5. 衬衫含棉纯度有什么实际意义？

6. 衬衫和西装、领带组合时经常会出现的问题是什么？如何解决？

7. 衬衫从花色上如何判断职场取向和个性风格？

8. 在确定较正式社交中，最保险的衬衫选择是什么？

第六章

外套——绅士的最后守望者

　　无论是国际上重大的外交事件、诺贝尔颁奖典礼、好莱坞大片，还是历史中经典的事件如第二次世界大战中三巨头聚首雅尔塔会议；无论是政界的重要人物、大公司 CEO，还是普通的公务员、公司职员，外套这个小道具是否精准似乎是平衡成功者的法码。2008 年，Max Mara（世界一线奢侈品牌）在中国美术馆准确无误地运用外套的密码（THE DRESS CODE），成功举办了一次上百件的女装外套时尚百年历史的展览（图6-1）。因为没有哪一种服装可以像外套那样承载太多的历史信息；没有哪一种服装像外套那样包涵着丰富而纯粹的高贵基因。今天的社交界精英们，他（她）们的衣橱中所有的服装都发生着改变，唯有外套必须打理得像一件古董，因为它是绅士的最后守望者。其实无论你接受还是不接受，能够代表品位、格调、高雅的绅士标志，没有哪种服装能够用外套去诠释，细想一下在冬季国会山就职演讲的奥巴马不会穿防寒服，一定会穿外套，这一点并无怀疑，值得研究的是他为什么穿柴斯特菲尔德外套。可见"外套是绅士的最后守望者"，并不在于成功者保留了这种外套类型，而是要懂得这种外套的特别密符。

① 堑壕外套的职业化设计

② Polo 外套的女装化设计

③ 堑壕外套加入泰利肯外套
元素的设计

④ 泰利肯外套的风格化设计

图 6-1　Max Mara 对外套绅士语言诠释最成功的女装奢侈品牌

一、能够守住外套的人

　　外套历经了几个世纪的锤炼已达到炉火纯青的境界,然而当今穿外套的人却越来越少,这是历史发展的必然还是人类的主观意志? 不过根据主流社交的经验,能够守住外套的人绝非一般人,这一切还需重新认识外套从功用到精神符号的演化过程开始。

　　外套在产生之初的主要功能是防寒、防风、防尘、防雨,随着历史的积淀功能升华为人文符号才变得如此的结实,成为绅士的象征。绅士们在穿外套的时候往往需要仆人来帮助,这一生活方式后来演变为帮助长者或值得尊重的人穿外套成为一种尚礼的修养, 以至现今把是否穿外套当成评判真假绅士真实而有效的指标（图 6-2）。

图 6-2　外套的穿着方式成为一种尚礼的修养

图 6-3　前南非总统曼德拉穿着柴斯特外套参加 2010 年南非世界杯闭幕仪式

图 6-4　安南穿着乐登外套（少人知晓的绅士休闲外套）说明能够守住外套的绅士与种族无关而与修养有关

如今，外套慢慢穿得少，一方面是现代生活的环境变得优越了，特别是白领阶层，不管是上班坐车还是在办公室工作都处于一种温度可控的环境，外套原始的防寒保暖功能的发挥余地越来越少；另一方面是现代人生活节奏的加快导致着装越来越简化，短夹克渐渐受到人们的青睐，慢慢取代长外套成为历史必然，也就是说长衣时代的外套慢慢为短衣时代的夹克所取代。正如历史中长衣时代的燕尾服和晨礼服在 20 世纪初期慢慢被短礼服塔士多和董事套装所取代一样。

在功能上无所不能的采用新材料、新技术、新工艺制作的防寒服使外套的语言变成了历史的记忆，正因如此外套才变得金贵无比，会穿外套的人也变得凤毛麟角。外套上过多的现代元素，尽管有良好的功能却无法取代像用驼绒、华达呢等天然而传统的面料制作的Polo、巴尔玛肯外套所能诠释的绅士精神家园。2010 年足球世界杯结束仪式上，南非总统曼德拉穿着柴斯特菲尔德外套谢幕的场景，让我们会产生这样的判断，曼德拉不仅是抗争种族主义的斗士，也是让人敬仰的绅士（图 6-3）。可以说在职场中准确地穿着外套是判断进入主流社会的杠杆，创造这种主流社会规则的欧洲绅士们不必说，但凡想挣得上流社会话语权的人都不能无视它的存在。安南不仅是联合国秘书长还是现代的名绅，因为他穿外套时不会有半点瑕疵（图 6-4）。外套随着人们穿用频率的减少而不断成为时尚理论研究的焦点，是否穿外套，穿什么外套，怎样穿外套似乎成为评判准绅士的砝码。认识这些密符最有效的方法就是对 "THE DRESS CODE" 钦定的外套有一个基本判断，如果按礼仪级别排位的话，礼服外套为柴斯特外套、Polo 外套（出行外套），常服外套是巴尔玛肯外套和堑壕外套，休闲外套为达夫尔外套、巴布尔夹克（短外套）、水手夹克等（图 6-5）。它们之所以成为职场的经典和能够守住外套人的秘密武器，是因为它们经历了两个多世纪的积淀和无数人类文明与智慧结晶的示范。

柴斯特外套
■■■■■

波鲁外套
■■■■□

巴尔玛肯外套
■■■□□

堑壕外套
■■□□□

达夫尔外套
■□□□□

水手夹克
■□□□□

巴布尔夹克
□□□□□

羔皮夹克
□□□□□

图 6-5　从礼服外套到休闲外套的经典

二、绅士外套的贵族
——柴斯特菲尔德（Chesterfield）

认识任何一种外套先从了解它的长度开始是最简单而实用的方法，这是因为，我们即使不了解它的构成元素特征，也不至于犯低级错误。国内职场有一种误读，外套就是大衣，宁长勿短。其实外套长度在职场中是有讲究的，分为标准长度、长外套（Overcoat）和短外套（Topcoat）。外套标准长度在膝盖附近，礼服外套、常服外套都属此类。长外套多用厚质面料驼绒、羊绒或皮革来制作，长度大约在腿肚位置，如 Polo 出行外套多为此类。短外套则多用轻质面料华达呢、斜纹呢等，根据既定的类型也使用特制的粗呢，像达夫尔外套、水手夹克等，长度在膝关节以上。虽然，随着短衣时代的到来，很多长外套慢慢缩短了长度。但是根据"THE DRESS CODE"惯例，长外套通常回到标准外套的长度，这意味着标准长度成为外套的主流，它以膝关节为标尺，在膝关节以下10cm 左右；在膝关节以上短款的归休闲外套。柴斯特外套作为第一礼服外套要严格控制在标准长度。

柴斯特外套成为社交第一礼服外套的地位与它高贵的绅士背景有关，它最早出现在 19世纪中叶的英国，由当时声名显赫的柴斯特·菲尔德伯爵首穿而得名。柴斯特·菲尔德四世（1694~1773 年）在英国历史上是著名的绅士，也是现代绅士规则的缔造者之一，他的重要贡献就是他出版了指导儿子如何成为成功绅士的《致儿子的信》，而成为英国第一部绅士修养的教科书。更可贵的是他造就的绅士品质和风度是要"注意保持谦逊和沉默"，因此也造就了由他命名的柴斯特外套内敛、简洁、高雅的特质。

柴斯特外套外观简洁但裁剪讲究，与其前身腰位有断缝的福瑞克外套不同（19 世纪英国贵族主流外套），柴斯特腰部没有断线，通过竖向的断线和省来达到修身目的，整体廓型呈 X 造型，也是现代唯一收身的外套。它有三种经典款式：第一种是现代版的柴斯特外套，标准款式为单排扣平驳领，暗门襟，两侧有夹袋盖的双嵌线口袋，左胸有一手巾袋，腰部收身，后中缝收腰且开衩，袖扣三粒，标准色为黑色和深灰色（图6-6）；第二种是传统版的柴斯特外套，与标准款式最大的不同就是翻领为黑色

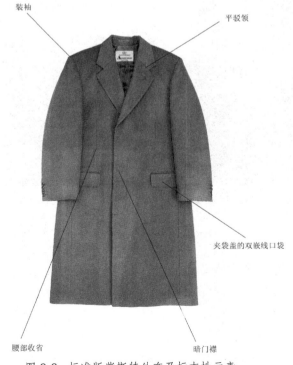

装袖

平驳领

夹袋盖的双嵌线口袋

腰部收省

暗门襟

图 6-6　标准版柴斯特外套及标志性元素

天鹅绒，两侧有夹袋盖的双嵌
线口袋，左胸有一手巾袋，腰
部收省，后中缝收腰且开衩，
有时强调它的隆重性采用单排
暗门襟戗驳领，标准色为黑色，
凸显高贵，因为这种样式最受
19世纪末英庭王子的青睐，
所以也称为阿尔勃特外套 [单
排扣戗驳领暗门襟（门襟扣隐
藏在夹层中），主面料为黑色
高级羊毛配黑色天鹅绒翻领是
阿尔勃特版柴斯特外套的标志

① 黑色天鹅绒用在标准版柴斯
特外套中

② 标志版阿尔勃特外套

图6-7 阿尔勃特外套为柴斯特外套的英国风格

性特征，社交中有"崇英"的暗示，用在晚间正式聚会无可挑剔]（图6-7）；第三种是出行版的柴斯特外套，标准款式为双排六粒扣戗驳领，标准色为驼色，理论上它在三种柴斯特外套中礼服级别最低，但实践中又彼此可以变通而改变命运（图6-8）。柴斯特外套的面料多采用海力斯、开司米羊绒、驼绒等精纺厚质面料，色彩以黑色、深蓝色和驼色为主，各种灰色和棕色也被广泛使用，在造型上三个版本的元素互通不悖，但经典版在社交中是永恒的时尚（图6-9）。

① 双排扣戗驳领为出行版柴斯特外套的标准款式

② 驼色是出行版柴斯特外套标志色

③ 休闲化的出行版柴斯特外套（短款）

图6-8 出行版柴斯特外套

图6-9 美国总统和他的行政团队会不断地更迭下去但经典的柴斯特外套却是永恒的时尚

　　由于其讲究的裁剪、修身的造型、含蓄的风格、天然的面料，加之贵族的纯正血统，使得柴斯特外套成为所有外套中级别最高的礼服外套，可谓"外套贵族"，任何一位标榜绅士或政界、工商界成功的人物都不能无视它的存在。柴斯特外套从它诞生那天起至今作为社交第一礼服外套的地位就没改变过，它的形制比西装还要稳固，一百多年来始终如一，甚至是不是保持形制纯正成为了评判的指标，这在时尚学术界还是个谜题。2009年1月20日美国总统奥巴马就职典礼时，穿着美国百年男装品牌浩狮迈（Hart Schaffner Marx）为其打造的标准版柴斯特菲尔德外套，包括他的保镖也不能越雷池一步，更显柴斯特外套的尊贵（图6-10）。继续追溯历史名人与柴斯特外套的亲密关系，2002年冬美国前总统布什与夫人访华时同样穿着标准版柴斯特外套，目的是为了重温30年前尼克松访华的重大历史时刻，可

图6-10　就职典礼时奥巴马和他的保镖都是身着柴斯特外套让人心生敬畏

见布什总统很重视影响世界格局的这个事件。而尼克松总统与周总理握手的时刻也定格在标准柴斯特外套身上。从尼克松访华事件再往前追寻30年就到了1944年的第二次世界大战，当时英国首相丘吉尔和他的阁僚穿着的柴斯特外套与奥巴马的外套如出一辙（图6-11）。再往前30年就是20世纪初，可以说是柴斯特外套的时代，真可谓"无柴不绅士"，而样

①2002年冬布什访华时的柴斯特外套重温30年前尼克松访华

②第二次世界大战期间丘吉尔和阁僚穿着的柴斯特外套与今天奥巴马就职时的外套如出一辙

图6-11　柴斯特外套从第二次世界大战至今一个多世纪没有改变成为男装史与社交史之谜

①阿尔勃特版和出行版杂糅的柴斯特外套（中）；在柴斯特外套的基础上加入Polo外套元素（袖口和贴袋）设计，这种设计套路在今天奢侈品牌中仍是主流（右）。

②1920年代柴斯特外套在中国洋务派中也有过繁荣，男士中但凡穿外套的必是柴斯特

图6-12　20世纪初柴斯特外套成为绅士标志出现在当时的主流社会中

式与现今的几乎一模一样（图6-12）。可见柴斯特外套不可抗拒的英国贵族血统和悠久的历史信息自然使它成为"外套贵族"。

柴斯特·菲尔德外套（Chesterfield Coat）作为礼服正式外套，配合礼服穿用也就成了不成文的规则，包括塔士多礼服、董事套装、黑色套装和西服套装。标准版柴斯特外套成为职场礼服外套的主流，也是最保险的配置，主要适用场合为公务、商务正式场合。包括正式的出访、公务、商务、国事访问、会见、会议等。与塔士多礼服和董事套装搭配为正式礼服组合，请柬中有明确礼服提示时，在冬季配标准版柴斯特外套很高雅。在日常工作中，柴斯特外套搭配黑色套装和西服套装使用，这也说明是重大而备受重视的工作社交。如果是一般的工作访问、非正式访问和私人访问场合中可以选择出行版柴斯特外套，因为它在三个版本中礼仪级别是最低的，不过它在整个外套家族中还是属于较正式的外套，这需要对整个外套知识的学习掌握和心得提炼才会有更高水平的职场表现（图6-13，表6-1）。

三、头衔最多的全天候外套——巴尔玛肯（Balmacaan）

巴尔玛肯外套源于苏格兰巴尔玛肯地区绅士们普遍使用的一种雨衣外套。它良好的功能使得其在日常生活中的应用极为广泛，不受场合、年龄、职业、性别的限制，具有"万能外套""全天候外套"和"雨衣外套"的称谓。Balmacaan又有可开关领的意思，也称可开关领外套。总之它表现出强烈功能主义的务实精神，造型风格又极尽简洁而成为职场选择率最高的外套。如果说柴斯特外套为社交而更注重"礼仪"的话，巴尔玛肯外套则更强调"职业"。根据不完全统计，在主流职场中选择巴尔玛肯外套达90%以上，柴斯特外套不足50%，因为它比柴斯特外套更具有变通性和适应性，换句话说它既可以作为常服外套又可以作为礼服外套。而且在形制上，柴斯特外套的暗门襟是从巴尔玛肯外套暗门襟（防雨水渗入功能）继承而来，表现出巴尔玛肯务实而简约的古老品格，而成为成功者的标签。

巴尔玛肯外套的造型设计宽松而简练，它的一切元素都是因功能而存在的。单排扣、暗门襟、可开关领、插肩袖，袖口有袖襻，中间有封纽的斜插袋，领角有关领时的纽孔，标准面料为土黄色施防雨涂层的棉华达呢（图6-14）。由于其全天候外套的特点，如果采用黑色或深蓝色呢料设计便升格为礼服外套，这是任何一种外套也不具有的特性而成为职场外套的首选和必备品（图6-15），相反如果用朴素的水洗布面料也会形成休闲风格，它所诠释的高雅实用主义的品味，作为瑞士足球主教练的希斯菲尔德也深知这一点（图6-16）。

巴尔玛肯外套是从披风演变成雨衣外套的，经过第一次世界大战与第二次世界大战的锤炼，每个元素都达到了极简设计与极强功能性的结合，而且都跟防雨有关。外套社交的精髓是诚信和务实，重要的是这些元素表达的是否准确。比如巴尔玛领可以立起用扣系好来防风雨；暗门襟使雨水不能渗入；插肩袖的流线型设计既有排水功效又穿脱方便，运动自如；斜插袋本身使用方便，中间再加一粒封纽更是增加了其安全性和避水功效；袖口调节襻可根据天气的不同调节松紧等。这些几乎都是为防雨而存在，但今天职场几乎没有人把它

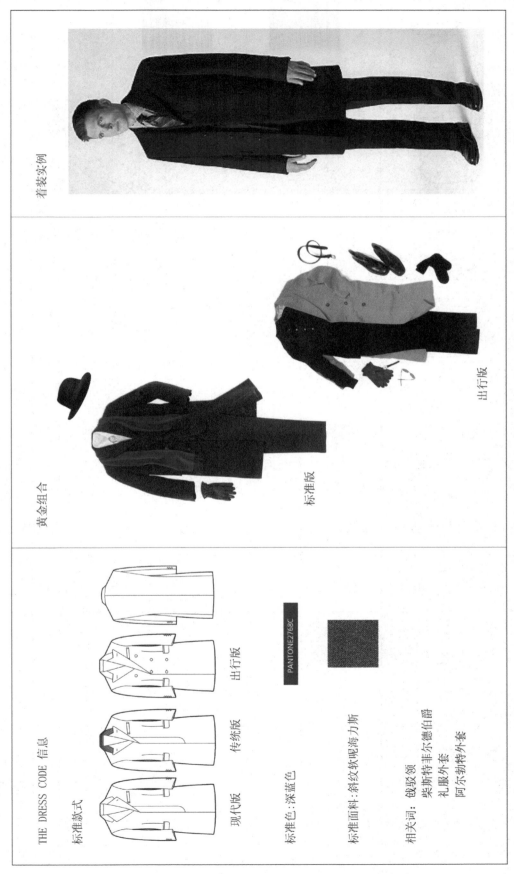

着装实例

黄金组合

标准版

出行版

THE DRESS CODE 信息

标准款式

现代版　　传统版　　出行版

标准色：深蓝色

PANTONE2768C

标准面料：斜纹软呢海力斯

相关词：
饮驳领
柴斯特菲尔德伯爵
礼服外套
阿尔勃特外套

图 6-13　柴斯特菲尔德外套的搭配方案

表6-1　柴斯特菲尔德外套（Chesterfield Coat）的黄金组合与搭配方案

服装搭配 / 适用场合		外套（以深蓝、黑、深灰为标准色，驼色为出行版）			主服						
服装的礼仪级别	适用场合	标准版	传统版	出行版	塔士多礼服	董事套装	黑色套装	西服套装	布雷泽西装	休闲西装	以斯特朗为代表的户外服
公式化场合	婚礼仪式	▲	▲		▲	▲	△	△			
	告别仪式	▲	▲		▲	▲	△	△			
	传统仪式	△	▲		△	▲	△	△			
公务（商务）正式场合	日常工作	▲	△				▲	▲	△	△	
	国事访问	▲	▲			▲	▲	▲	△	△	
	正式访问	▲	▲			▲	▲	▲	△	△	
	正式会见	▲	▲			▲	▲	▲	△	△	
	正式会议	△	▲			▲	▲	▲	△	△	
公务（商务）非正式场合	休闲星期五	△						△	▲	△	
	工作访问	△	△					△	▲	△	
	非正式访问	△	△					△	▲	△	
	非正式会见	△	△					△	▲	△	
	非正式会议	△	△					△	▲	△	
非公务休闲场合	私人访问	△	△					△	△	▲	
	周末休闲度假	△	△					△	△	▲	

注：柴斯特菲尔德外套以德尔米斯、开司米羊绒等精纺毛织物为主要面料。
▲ 黄金组合　△ 得体组合（可选择项）空白格项：一种为适当，一种为禁忌。

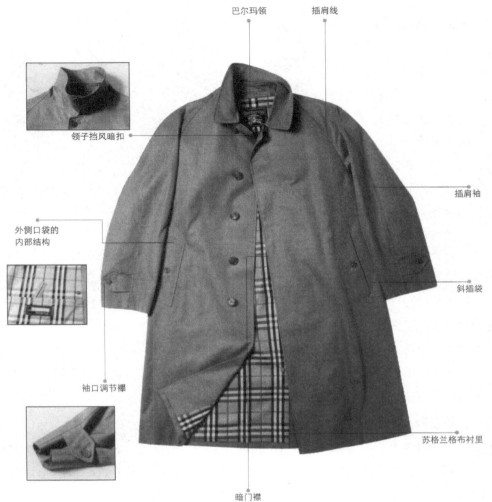

巴尔玛领

插肩线

领子挡风暗扣

外侧口袋的
内部结构

袖口调节襻

暗门襟

插肩袖

斜插袋

苏格兰格布衬里

图 6-14 巴尔玛肯外套的标志性元素

图 6-15 巴尔玛外套主宰职场社交的经典案例

图 6-16 2010 南非足球世界杯瑞士足
球主教练希斯菲尔德时尚版的
巴尔玛肯外套表现出"高雅而
实用主义"的理念

作为雨衣使用，而这些元素要保持纯粹和精准，可见这些元素已经变成了绅士的标签。倒是它的内部增加了一个可拆卸的活胆而提高了职场季节的选择性，即装上活胆可作为防寒外套，去掉可作风衣，夏季可作雨衣。"务实"是绅士服的核心精神，巴尔玛肯外套则是这种精神的集大成者。保持经典元素的巴尔玛肯外套，

图 6-17　第二次世界大战时丘吉尔的经典巴尔玛肯外套（务实可靠）

几乎没有一处是多余的设计，在绅士看来这些设计可以不实际使用但不能没有，充分体现了现代职场的务实主义男权思想，也是它之所以成为职场外套首选的必然所在。同时它的文化积淀和厚重感也是独一无二的，它与柴斯特外套一样饱有悠久历史感，但在功能上又全线胜出，这种社交传统是经历了残酷的第一次世界大战、第二次世界大战的锻造，且通过像英国首相丘吉尔这些显赫人物的塑造才成为绅士外套中无条件选择的外套，只要认识了这段历史，判断就不会有误（图 6-17）。2010 南非足球世界杯上瑞士足球主教练希斯菲尔德在场外穿着巴尔玛肯指导战术的形象会使知情者产生很多背后的联想，而这些联想一定不是粗糙的、情感化的、野蛮的，而是精致的、理性的、智慧的、有涵养的。

　　万能外套巴尔玛肯是在掌握"THE DRESS CODE"系统知识下理解的，因此它既可作为礼服外套又可当成常服外套，可搭配的主服包括黑色套装、西服套装、运动西装和休闲西装，配饰随主服，这一切既丰富又有深刻的内涵（图 6-18、表 6-2）。

　　巴尔玛肯外套本身属中性外套，与西服套装（Suit）有相似的特点。其本身的适用场合要与常服组合用于一般的公务、商务是最值得关注的，只有对主服和外套两者进行综合考虑，才能正确把握巴尔玛肯外套搭配的不同方案以应对职场的各种情况。首先，外套的适用场合主要根据主服的适用场合来定，这是一个基本原则。考虑到外套的原始功能是在人们的实践过程中仍保持着防寒保暖的基本功能，穿上外套说明我要离开，脱下外套说明已经到达目的地，其主要着装仍然是外套里边的主服，可见，外套内部主体服装作为判断其适用场合的基本条件是可靠的。巴尔玛肯与运动西装和休闲西装搭配时，就要按照运动西装和休闲西装的适用场合来决定，说明两者不适合公务、商务正式场合中的国事访问、正式访问、正式会见和正式会议；当巴尔玛肯与黑色套装组合，这些社交问题就迎刃而解了，当然，巴尔玛肯外套选择深蓝或黑色呢料就更无可挑剔，因为这种情形下可以与柴斯特外套平起平坐，即"常服方案"和"礼服方案"（图 6-19）。

　　巴尔玛肯外套尽管可以视为礼服外套，但其雨衣的出身使它难以向最高礼仪级别冲顶，处于柴斯特外套和波鲁外套之后，使它在搭配黑色套装时，还是低于礼服外套的经典组合。由此可见，认定某种服装的功用时就该持续关注，这仍是职场恒久的定理。

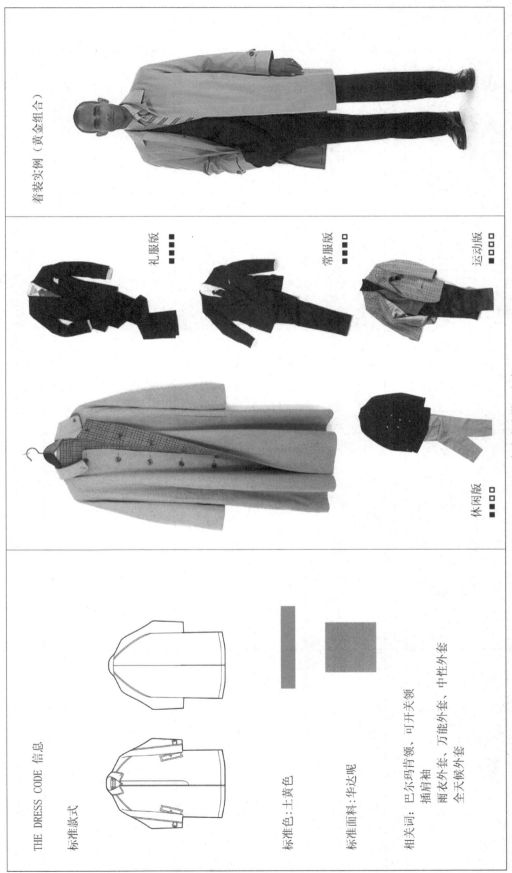

着装实例（黄金组合）

礼服版 ■■■□

常服版 ■■■□□

运动版 ■■□□□

休闲版 ■■■□□

THE DRESS CODE 信息

标准款式

标准色：土黄色

标准面料：华达呢

相关词：巴尔玛肯领、可开关领
插肩袖
雨衣外套、万能外套、中性外套
全天候外套

图 6-18 巴尔玛肯外套的搭配方案

表6-2 巴尔玛肯外套(Balmacaan Coat) 的黄金组合与搭配方案

服装的搭配 / 适用场合		主服 土黄色为标准色	配服 塔士多礼服	商事套装	黑色套装	西服套装	布雷泽西装	休闲西装	以斯特恩姆为代表的户外服
公式化场合	婚礼仪式	△		△		△			
	告别仪式	△		△		△			
	传统仪式	△		△		△			
公务(商务)正式场合	日常工作	▲		△	◀	◀	◀	◀	
	国事访问	▲		△	◀	◀	△	△	
	正式访问	▲		△	◀	◀	△	△	
	正式会见	▲		△	◀	◀	△	△	
	正式会议	▲		△	◀	▲	△	△	
公务(商务)非正式场合	休闲星期五	▲				△	▲	◀	△
	工作访问	▲				△	◀	◀	△
	非正式访问	▲				△	◀	◀	△
	非正式会见	▲				△	◀	◀	△
	非正式会议	▲				△	◀	◀	△
非公务休闲场合	私人访问	▲				△	◀	◀	△
	周末休闲度假	▲				△	◀	◀	△

注：巴尔玛肯外套以棉华达呢、水洗布、防雨布为主要面料，升格为礼服时与柴斯特外套面料相同。
▲ 黄金组合 △ 得体组合 ◀ 可选搭项 ▷ 空白格为禁忌。

① 2007 年 3 月俄罗斯两位副总理梅德韦杰夫（左）伊万诺夫（右）都是新总统的热门人选，在这个关键时刻，梅德韦杰夫的标准版巴尔玛肯和伊万诺夫的礼服版巴尔玛肯都在极力宣示"我是可信赖的"

② 2005 年 5 月 9 日联合国秘书长身着标准版巴尔玛肯外套（上图左）；俄罗斯总统普京身着礼服版的巴尔玛肯外套，在红场出席第二次世界大战盟军胜利日庆典（下图）

图 6-19 在经典社交中巴尔玛肯外套用于正式场合中成为国际惯例也不缺少个性表现

四、波鲁外套（Polo Coat）
——出身英国发迹美国的出行外套

波鲁外套来源于马球运动员中场休息时所穿的一种类似浴袍的宽松外套，因此初期称为候赛外套。它独特的样式、讲究的裁剪、厚重的羊绒、驼色的温暖使其成为冬季出行外套的经典。在 20 世纪 20 年代，英国马球运动员第一次受邀参加美国长岛的比赛，这种外套大摇大摆的造型引起了好奇心强的美国人疯狂的模仿，很快在美国东部一些大学里出现，之后在 30 年代美国耶鲁大学和普林斯顿大学足球比赛中成为了观战服，使波鲁外套流行开来。当时美国著名的风俗时尚画家 Serena Brivio 描绘当时美国上流社会的市井风俗画，波鲁风格的外套在贵族中大行其道，成了社交场上一道风景（图 6-20），并迅速在世界范围追求时尚的年轻贵族中流行，就是当时中国的革命党人、民主派、改革派的新贵们都趋之若鹜（图 6-21）。今天看来波鲁外套和柴斯特外套几乎是 20 世纪 30 年代上层社会的符号，其

① 倒冠领式的波鲁外套

② A 廓形（左）和加入标准版柴斯特外套元素的波鲁外套

③ 短款箱式（左）和长款 X 型波鲁外套

④ 插肩袖波鲁外套

图 6-20 美国 1920 年代时装画和风俗画表现的 Polo 外套成为一个时代绅士的重要标志，至今仍是绅士追求的范本

中的推手是唯我独尊的美国绅士品牌布鲁克斯兄弟〔Brooks Brothers〕。因此，后来有男装评论家称如何穿出绅士风度，要看是不是有第二次世界大战的味道，布鲁克斯兄弟所坚守的Polo外套的元素是不能忽视的，因为它的每个细节最精准地透露出了这种味道〔图6-22〕。为什么学术界会产生这种理论，是因为第二次世界大战使物资极度的匮乏，让不实用的元素都被彻底地过滤掉而显现出服装最本质、最有价值的那一部分，这也正是绅士"务实精神"恰如其分的体现，这就证明了包括Polo外套在内的柴斯特、巴尔玛肯、堑壕外套和达夫尔

图6-21　中国1930年代贵族穿着地道的Polo外套

外套这些经典为什么都定型于第二次世界大战时期且经久不衰。还有一点就是与英国的绅士文化有着千丝万缕的联系，波鲁外套也不例外，它与英国历史上的阿尔斯特外套、近卫军外套有明显的亲缘关系，如阿尔斯特领、翻卷的袖卡夫、后腰带等，Polo都还保留着它祖先的基因〔图6-23〕。可以说Polo外套是英国人的创造却被美国人发扬光大，它比英国人更具强劲的推动力和影响力塑造了全新的绅士形象，在今天的社交圈里它虽然更像20世纪二三十年代的古董，今天真正认识它的年轻成功人士也不多，然而发现并能够自如运用这种行头武装自己的人，可以说不是一般的成功者，因为它饱含了英国深厚的贵族血统，又充满了美国合理主义精神所成就的一代社交经典〔图6-24〕。

图6-22　波鲁外套标准款式及细节图

阿尔斯特外套

近卫军外套

Polo外套

图6-23　Polo外套仍保留其祖先的基因

图 6-24　今天美国高档街区
穿着波鲁外套的绅士

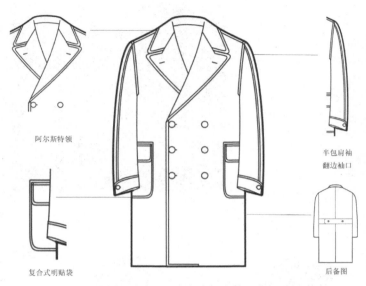

阿尔斯特领

复合式明贴袋

半包肩袖
翻边袖口

后备图

图 6-25　Polo 外套的标志性元素

波鲁外套的款式造型很类似柴斯特外套的出行版，在用途上也很接近，可视作出行外套的两种风格。但细致观察它们有很大不同，形成了波鲁外套独特的造型语言，即双排六粒扣，戗驳领或阿尔斯特领，半包肩袖，翻边袖口并用一粒纽扣固定，复合式明贴袋，结构线全部用明线辑缝。这种较为张扬的结构设计是由原本粗纺的驼毛面料特性所决定的，因此标准色为驼色（礼服外套的其他颜色也广泛使用），这些极具功能的表现也使波鲁外套具有了更多的休闲味，其礼仪级别比柴斯特外套低一等级，但仍属讲究的冬季礼服外套（图 6-25）。

波鲁外套是公务、商务出行恰当且颇有个性的选择，礼仪级别低于柴斯特外套高于巴尔玛肯外套。它与黑色套装、西服套装、运动西装和休闲西装相搭配广泛适用于正式和非正式出行的日常公务、商务，工作访问等。波鲁外套与黑色套装、西服套装搭配可以视作较正式的出行。在休闲星期五、私人访问和休闲度假中，波鲁外套仍是有品位的选择，与布雷泽西装、休闲西装和户外服组合会应对更多的自由社交空间且不失绅士风度（图 6-26，表 6-3）。

五、堑壕外套（Trench Coat）
——绅士外套的一座丰碑

堑壕外套是所有绅士外套里面功能性最强，表现力最丰富的一种。最早是英国士兵在第一次世界大战在堑壕里战斗的作战服，堑壕外套的称谓由此而来。那时主要是由巴布瑞（Barbury）公司专为英军自行研制的野战被服，在当时最为先进的是在巴尔玛肯外套基础上实现防风、防尘、防雨等极尽功效的设计，为此公司还专门研制了影响至今的超级面料华达呢，第一次世界大战期间大约生产了 50 万件堑壕外套以供军需。到了第二次世界大战由于战事的焦灼，堑壕外套每个细小的元素都变得像生物器官一样的精准有效，时至今日，

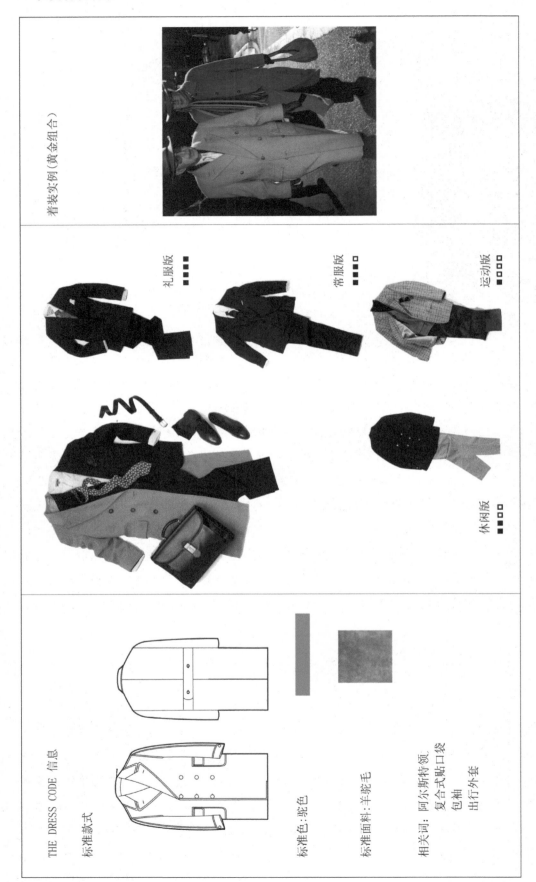

着装实例（黄金组合）

礼服版 ■■■
■■■

常服版 ■■■
■■■

运动版 ■■□■

休闲版 ■□□□
■■□□

图 6-26　波鲁外套的搭配方案

THE DRESS CODE 信息

标准款式

标准色：驼色

标准面料：羊驼毛

相关词：阿尔斯特领
复合式贴口袋
包袖
出行外套

表6-3 波鲁外套(Polo Coat) 的黄金组合与搭配方案

服装的搭配 / 适用场合	外套 以浅褐色、驼色为主要色	塔士多礼服	董事套装	黑色套装	两服套装	布雷泽装	休闲西装	以斯特蓝为代表的户外服
公式化场合 婚礼仪式	△		△	△	△			
告别仪式	△		△	△	△			
传统仪式	△		△	△	△			
公务(商务)正式场合 日常工作	▲		▲	▲	▲	▲	◀	
国事访问	▲		▲	▲	▲	△	◀	
正式访问	▲		△	▲	▲	△		
正式会见	▲		△	▲	▲	△		
正式会议	▲		△	◀	▲	△		
公务(商务)非正式场合 休闲星期五	△				△	◀	◀	△
工作访问	△				◀	◀	◀	△
非正式访问	△				▲	◀	◀	△
非正式会见	△				▲	◀	◀	△
非正式会议	△				▲	◀	◀	△
非公务休闲场合 私人访问	△				△	◀	◀	△
周末休闲度假	△				△	◀	◀	△

注：波鲁外套以骆驼毛、开司米羊绒等精细的毛织物为主要面料。△黄金组合 ◀相体组合（可选择项）空白格有两种可能：一种为适当，一种为禁忌。

在经典的堑壕外套上，战争留下的痕迹被悉数保留下来，华达呢堑壕外套成了时尚界的文化符号，这是因为没有哪一种服装如它那般的睿智、内涵丰富，表达了现代绅士对信任和务实精神的追求，绅士借此述说仿佛自己亲历的一种传奇记忆，尽管这些记忆符号与拥有者毫无关系，或者并不因为这些元素的存在而将记忆保留下来，而是任何一点点使它们缺失的都是对整体的一种伤害一样。所以堑壕外套的每个细节摆放的位置是否保持原有的功能、面料、工艺技术是否准确已经成为"成功的密码"，哪怕是用来固定枪械的肩襻，用来挂水壶的腰带 D 形环，防雨的小披肩等，虽然在今天这些元素的功能已经丧失，但信守它们所蕴含的历史信息会给予着装者以自豪感和自信心。2004 年在美国第 12 个总统图书馆克林顿图书馆开放仪式上，美国四位总统中就有两位总统穿着正统的堑壕外套。时任总统的小布什选择的是黑色的堑壕外套，老布什则选择了更为传统经典的卡其色华达呢堑壕外套，对堑壕外套的守望和信任早已成为职场的普世价值（图6-27）。

图 6-27　四任美国总统汇集克林顿图书馆：老布什（右一）和小布什（左一）穿着标准的堑壕外套，克林顿着标准巴尔玛肯外套（左二），卡特着标准柴斯特外套（右二）

这里对堑壕外套的构成元素作详细描述，在公务和商务场合中通过它传达务实精神，会给我们的职场表现加分。保持其最齐全的功能装置是明智的选择，如双排十粒扣、拿破仑领、插肩袖、右胸挡、后背小披肩、肩襻、袖带、带 D 形环的腰带、带封纽袋盖的两个斜插袋、后中缝为箱式开衩等。这些经典元素的功能性犹存，拿破仑领、左襟与右胸挡相结合，保证了颈部和胸部的万全密闭功能；领口处还有防风领襻，防止风雪从领口侵入内部；腰带和袖带可根据天气变化调整松紧；后中缝的箱式开衩设计既便于运动又具有保暖防沙功能，插肩袖和后小披肩的良好防雨作用使堑壕外套的整体设计达到了仿生学设计的顶峰，时至今日没有其他服装在结构功能上能够超越它，这种务实精神成就了堑壕外套在职场中经典永恒的魅力（图6-28）。

现今，堑壕外套作为常服外套，其使用范围更为广泛，新的设计和面料层出不穷，色彩除土黄色（标准色）以外也更为丰富，与其相搭配的服装既有黑色套装的准礼服也有常服的西服套装、运动西装、休闲西装和户外服。值得注意的是堑壕外套地道的表达是一种宣示，一种成功的标志，政界如此、工商界也是如此。但也不能改变失败者像美国超级说客阿布拉莫夫因诈骗被起诉的事实，尽管他的堑壕外套表达得还像个硬汉形象（图6-29），这恐怕也是社交场的潜规则。

堑壕外套虽然属于常服外套，低于巴尔玛肯外套高于达夫尔外套，但它的传奇和务实精神，并与巴尔玛肯外套保持着继承关系，因此它完全拥有了全天候外套的地位，同时又有其他外套不具备的充满勇猛个性的张力。它与黑色套装、西服套装、运动西装和休闲西装组合几乎涵盖了公务、商务职场的全域。但从自身的风格看更适合用于休闲星期五、工作访问、非正式访问和私人访问；特别是邀请合作者或政务谈判对象的周末休闲度假，与运动西装和夹克西装搭配最能展现很绅士的品位和休闲氛围，这对休闲社交成功率的贡献不可小视（图6-30、表6-4）。

拿破仑领

肩襻

领子挡风襻

插肩袖

右胸盖挡

插肩线

D形环

袖带

口袋

后背小披肩

图 6-28 堑壕外套经典细节的仿生设计成
为职场自信心和成功者的标签

外侧口袋的
内部结构

箱型开衩

图 6-29 穿着堑壕外套的美国超级说客阿
布拉莫夫被起诉时，堑壕外套让
他的硬汉形象不倒

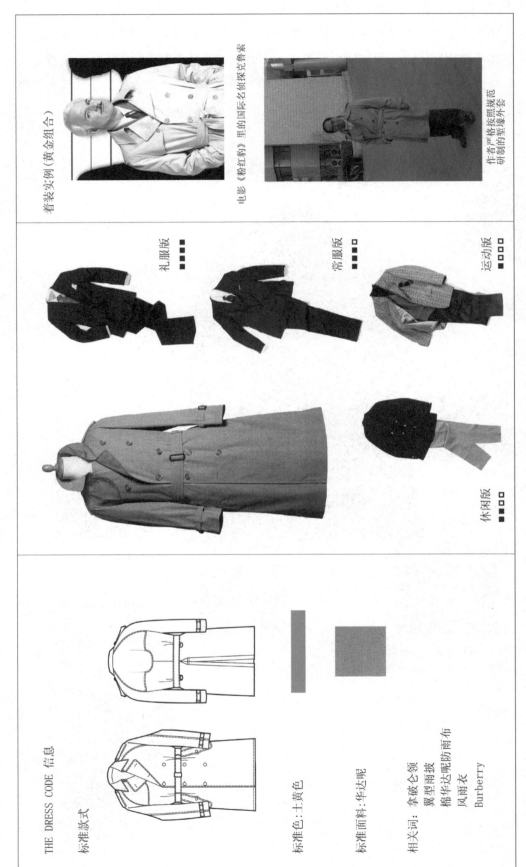

图 6-30 堑壕外套的搭配方案

着装实例（黄金组合）

电影《粉红豹》里的国际名侦探克鲁索

作者严格按照规范范研制的堑壕外套

礼服版 ■■■■
■■■■

常服版 ■■■□
■■■□

运动版 ■■□□
■■□□

休闲版 ■□□□
■■□□

THE DRESS CODE 信息

标准款式

标准色：土黄色

标准面料：华达呢

相关词：拿破仑领
翼型雨披
棉华达呢防雨布
风雨衣
Burberry

表6-4 堑壕外套（Trench Coat）的黄金组合与搭配方案

服装搭配 适用场合	外套 米黄色为标准色	主服 塔士多礼服	董事套装	黑色套装	西服套装	布雷泽西装	休闲西装	以斯特器婚为代表的户外服
公式化场合 婚礼仪式								
告别仪式								
传统仪式								
公务（商务）正式场合 日常工作	△		△	▲	▲	△	△	
国事访问	△		△	▲	▲	△	△	
正式访问	△		△	▲	▲	△	△	
正式会见	△		△	▲	▲	△	△	
正式会议	△		△	▲	▲	△	△	
公务（商务）非正式场合 休闲星期五	▲			△	△	◀	◀	△
工作访问	▲			△	△	◀	◀	△
非正式访问	▲			△	△	◀	◀	△
非正式会见	▲			△	△	◀	◀	△
非正式会议	▲			△	△	◀	◀	△
非公务休闲场合 私人访问	▲			△	△	◀	◀	△
周末休闲度假	▲			△	△	◀	◀	△

注：堑壕外套以帕华达呢、水洗布、防雨布为主要面料。
▲ 黄金组合　△ 对体组合（可选择有两种可能：一种为适当）
◀ 堑壕外套以帕华达呢……一种为禁忌

六、休闲外套的经典——达夫尔（Duffel Coat）

达夫尔外套是唯一带帽子的经典夹克式外套，它源于18世纪比利时小镇达夫尔，是当地渔民特有的服装，绳结纽扣、连体衣帽、双层过肩等元素都是渔民生活的写照，后来被用作第二次世界大战中盟军的海军制服。英军元帅蒙哥马利非常喜爱这种外套，从此就加入了英国血统和军服的背景（图6-31）。20世纪50年代，大量的军用达夫尔外套流入市场，倍受年轻人的喜爱，风靡西欧各大名校的知识分子之间，后又登陆美国常青藤名校（图6-32）。

在社交界，人们几乎把比利时小镇和渔民忘得一干二净，却津津乐道达夫尔在蒙哥马利身上的传奇，它火了是因为英国人喜欢，它不火是因为英国人没有发现它，这都是英国盛产绅士的原因。因此，在社交中，无论是服装类型、出身尊卑、发源地如何，只要打上英伦绅士的烙印，它的社交地位就会陡增，我们观察"THE DRESS CODE"积淀下来的经典服装大都如此，可见职场"崇英"是个潜规则。

图6-31　达夫尔外套因为蒙哥马利的喜爱和传奇而渗透了英国贵族血统

图6-32　达夫尔外套风靡美国常青藤名校而成为优雅休闲的标签

　　达夫尔外套的经典造型为防风雨的帽子、绳结纽扣、双层过肩、有袋盖的贴口袋，所有缝迹线均采用明线。防风雨的帽子很有中世纪僧侣罩袍的味道；绳结纽扣来源于渔民粗质的渔网，简单实用，据说是出于便于戴着手套解开或系上的考虑；双层过肩是为了渔事劳作时保护肩部。地道的达夫尔外套采用的是麦尔登呢和苏格兰呢复合而成的双面粗纺呢，这几乎是为此专制的呢料，故也称双面粗呢外套，也因此不挂里，使其制作工艺外观化，颇具风格化的细节处理而显得更为张扬有朝气（图6-33）。这种造型风格使其成为不分年龄、不分性别、性能绝佳的休闲外套，与运动西装、休闲西装和户外服搭配成为非正式场合最为经典的休闲组合（图6-34）。

　　达夫尔外套是经典的休闲外套，礼仪级别最低。对于公务员和商务人士来讲最为适用的场合是休闲星期五和周末休闲度假、派对，与运动西装和休闲西装组合可以说是它的传统；与户外服组合会产生更加丰富、品位休闲的个性表达空间，这也是达夫尔焕发一种时代精神的生命力所在（图6-35，表6-5）。

帽内侧调节襻

风挡

门襟内侧扣位垫布

绳结扣

袖襻

侧衩

图6-33　经典达夫尔外套的功能设计

① Steve Mcqueen 穿着概念达夫尔在拍摄作业
② Sean Connery 的达夫尔外套别具风格
③ Tenley Albright 和 Hayes Alan Jenkine 一身达夫尔外套让冬天休闲更浪漫

④ 翠绿的达夫尔一个诠释"酷派"的奢侈品牌
⑤ 英国首相布莱尔、俄罗斯总统的巴布尔夹克（参阅 7.3）和布莱尔夫人切丽的达夫尔外套，这一切说明是一次非正式会见。

⑥ 周杰伦和桂纶镁的经典达夫尔让他的处女作《不能说的秘密》大为成功
⑦ 周星驰很女性的达夫尔很符合他的性格和角色

图 6-34　达夫尔外套的风格化、绝佳的性能和贵族气而在休闲社交中全线走红

着装实例（黄金组合）

正式版 ■■■■

休闲版 ■■■□

运动版 ■□□□

出行版 ■■□□

THE DRESS CODE 信息

标准款式

标准色：驼色

标准面料：麦尔登呢
苏格兰呢

相关词：渔夫外套
牛角扣
连身帽
双面符合面料

图 6-35 达夫尔外套的搭配方案

表6-5 达夫尔外套（Duffel Coat）的黄金组合与搭配方案

服装的礼仪级别 / 适用场合		外套	主服						
		土黄色为标准色	塔士多礼服	董事套装	黑色套装	西服套装	布雷泽西装	休闲西装	以所特嘉鹩为代表的户外服
公式礼仪场合	婚礼仪式								
	告别仪式								
	传统仪式	△							
公务(商务)正式场合	日常工作						▲	▲	
	国事访问								
	正式访问								
	正式会见								
	正式会议								
公务(商务)非正式场合	休闲星期五	▲				△	▲	▲	△
	工作访问	▲				△	▲	▲	△
	非正式访问	▲				△	▲	▲	△
	非正式会见	▲				△	▲	▲	△
	非正式会议	▲				△	▲	▲	△
非公务休闲场合	私人访问	▲				△	▲	▲	△
	周末休假度假	▲				△	▲	▲	△

注：达夫尔外套以麦尔登呢和苏格兰呢复合的达夫尔双面呢为主要面料。▲黄金组合 △相称组合（可选择项）空白格有两种可能：一种为适当，一种为禁忌。

训练题

1. 懂得穿外套的人为什么会赢得社交形象的加分？

2. 能够守住外套的绅士特征是什么？最少要懂得五种外套的知识？

3. 柴斯特菲尔德外套是怎样命名的？

4. 柴斯特外套作为礼服外套，有几种版式？它们的各自特点如何？它们各自的社交取向如何？

5. 巴尔玛肯外套都有哪些名称？这些名称的职场取向如何？

6. 说出巴尔玛肯外套的款式特点？它为什么说是职场的首选外套？

7. 举例说明巴尔玛肯外套的标准组合方案、礼服组合方案和休闲组合方案？

8. 在夏季、春秋季和冬季如何在职场中运用巴尔玛肯外套？

9. 说出波鲁外套的款式特点？"如何判断一个准绅士的风度要看他是否存有二战的味道"为什么这么说？

10. 波鲁外套作为出行外套与柴斯特出行外套有什么不同？它的社交取向如何？举例说明它的正式和非正式的两种搭配方案？

11. 说出堑壕外套所有的构成元素？

12. 堑壕外套最适合搭配的主服是什么？职场取向如何？

13. 达夫尔外套的标志性元素是什么？

14. 达夫尔外套最适合搭配的主服是什么？职场取向如何？

第七章

户外服是社交中最需要
启蒙的知识

　　大多数人认为礼服与常服是职场中不可或缺的，这很容易理解，因为"绅士总是西装革履"的这种先入为主的认知难以改变，对于户外服也属于职场中不可分割的一部分就不那么容易理解了，主要是对户外服的职场作用不甚了解所致。事实上，职场社交的基本格局是由"正式""非正式"和"户外运动"三足鼎立的。"户外运动"在未来的社交生活中越来越重要，这一点我们认识得并不充分。从历史上看它是英国上层社会极其古老和充满品位的生活方式，如狩猎、高尔夫、赛马等。如果对现代社会的职场环境稍加分析不难看出，公务、商务的非正式场合以及休闲娱乐的社交项目都是户外服大显身手的地方，也是为成功谈判社交（邀请谈判对手享受像高尔夫一类的户外运动）争足学分的"朝阳产业"。如今很多国际大公司都有"休闲星期五"的说法，是指在周五这天，员工的着装可以不用太正式，可选择运动西装或休闲西装，可不扎领带。夏季在写字楼可单穿衬衫工作，也可穿着宽松的外穿衬衫，冬季可穿着巴布尔夹克或防寒服。如果参加非正式会见或私人访问，地点可能会安排在度假别墅或高尔夫俱乐部（在发达国家高尔夫俱乐部式的酒店是必须有的）。不管在什么时候，这都是一种放松的娱乐环境，如果穿一身西服套装就会显得格格不入，同样会让对方感到不安，因此，一件斯特嘉姆或一件巴布尔夹克都可以让环境气氛显得轻松自由，如果是官员还会树立良好的"亲民"职场形象。重要的是，在放松休闲的环境中穿出品位体现了一个人的着装修养，这倒是值得研究的地方。当时选择穿着巴布尔夹克（英式经典而贵族化的狩猎夹克）的克里进行美国总统竞选时，他在一次公众演讲中就传递了这些信息（图7-1）。

图 7-1　穿着巴布尔夹克进行美国
总统竞选演讲的克里传递
了"亲民"又很绅士的信息

一、户外服历来是该出手时就出手的社交艺术

服装自古以来，伴随着人类生活方式的改变，社交便是它的大舞台。礼仪的格局不断地发生着变化，礼服由初始的上下连属形制发展到上下分体的两部式，从长衣发展到短衣如塔士多礼服取代燕尾服；从多层发展到单层像由三件套西装发展到两件套西装，这些形制无不与人类生活的多元化、简单化密切相关。有意思的是前者总是比后者要"讲究"，事实上是从富有积淀成富贵的符号，进而升格为高雅的规制。具有标志性的时代是到 19 世纪末形成了以英国贵族为代表的从礼服、常服到户外服的主流国际社交格局。它与其他民族服装格局不同的是体系完备，礼服主要用于隆重场合，比如重大节日、婚礼、舞会、葬礼、传统仪式等，代表性礼服是塔士多和黑色套装；常服是人们日常工作、会见、谈判时的着装，如西服套装、运动西装、休闲西装等；户外服则是用于宽松式社交的户外运动、户外休闲时的着装，如巴布尔、斯特嘉姆、T 恤衫、牛仔裤等。比较而言，户外服在职场未来的发展趋势中显然呈"攻势"，礼服和常服呈"颓势"。再有就是这种主流社交格局的侵略性，近代以英法为代表的殖民政策也使他们的这种富人规则在世界范围内传播而成为国际秩序的一部分。最后就是与时俱进而表现出它的建设性，使户外服倍受重视。随着历史的变迁，服装发生了一系列的"升格"现象。19 世纪末 20 世纪初期的户外服升格为现今的日常服，休闲西装原是贵族们打猎时穿着的猎装，运动西装则是赛艇比赛时的运动装，西服套装原是用一整块面料裁制而成，在当时往往给人一种穷困的印象而不如燕尾服、晨礼服可以采用三到四种不同面料组合而成，现今正因为西服套装的这些特性得以升格，燕尾服和晨礼服也经历了由户外服（乘马服）升格为工业革命时期的日常服，后又取代旧礼服福瑞克大衣成为现今的第一晚礼服和晨礼服。我们通过这一段服装历史发展的升格规律可以预测现今的户外服一定会成为未来的日常服，如今的日常服也会升格为未来的礼服，现今这一趋势已慢慢呈现并验证着这一规律。尤其是在美国功能主义与合理主义思想的影响下，户外服极其人性化的表现越来越多地占据了人们的日常生活空间。这种社交趋势及美国取代英

国的时尚格局，户外服是背后的推手，这是国力文化交替使然。但它并没有放弃职场中"该出手时就出手"的社交基本准则，因为这是成功者的普世修养，只是美国人表现得更加生猛和激进，户外服是最好的武器，就算是对于大国总统也不例外，反而成为其塑造公众形象、争得更多选票的利器（图 7-2）。联合国掌门人安南也是如此，只是他从礼服到户外服选择了更加纯粹而优雅的路线。软件大王比尔·盖茨如此，报业大亨默多克也是如此（图7-3）。我国香港特首董建华先生、香港富贾李嘉诚、澳门赌王何鸿燊可谓华人绅士的典范，就是演艺界的张国荣也是可以准确地把握从礼服到户外服格局的准绅士（图 7-4）。

　　由此可以证明户外服的规则越来越成为一种新的社交秩序，甚至会取代礼服和常服。职场、社交场合的另类着装固然是个人的自由，即使为了表达与主流国际的抗争或表明自己的政治态度，也还需要按规则出牌。更多地考虑对方的感受历来是社交的妥协艺术，尤其不能忽视在职场上逐渐升温的户外服而滥用无度的问题，这仍需认真研究户外服的"THE DRESS CODE"。

① 布什宴请女王时的燕尾服

④ 布什非正式记者会的休闲西装

② 布什年度记者晚宴上的塔士多礼服

③ 布什工作状态的西服套装

⑤ 布什"林肯"号航母上一身"酷闪"户外服

⑥ 普京身着塔士多出席年度劳伦斯网球颁奖晚会

⑦ 普京身着黑色套装出席八国集团峰会

⑧ 普京身着夹克西装参观一个奶牛场

⑨ 普京各色户外运动的装扮被俄罗斯职业妇女认为是"最性感男人"

图 7-2　美国前总统布什和俄罗斯前总统普京的礼服到户外服着装案例

①着塔士多礼服的默多克与邓文迪在78届奥斯卡颁奖礼上

③西服套装的标准版是默多克工作的最佳状态

②英式的塔士多礼服很符合默多克的身份

④默多克的黑色套装得出他出手又准又狠

⑤默多克的红色夹克西装与他的家人在一起的时候最轻松

图 7-3 报业大亨默多克从礼服到休闲服的着装案例

③运动西装的黄金组合

④夹克西装配高领毛衫拿捏的精准到位

①地道的美国式塔士多礼服　②经典而时尚的西服套装　⑤舞台的休闲形象赢得无数年青人的心

图 7-4 张国荣从礼服到户外服的精准把握是大陆艺人的一部社交形象教科书

二、户外服的智慧行走在古典的"厚重"与功能的"轻盈"之间

　　户外服（Outdoors）越来越多地占据着人们的衣生活空间，主要是其功能主义理念适应了现代人的生活方式。户外服的功能主义设计理念源于美国的"合理主义"思潮，在这种思潮的影响下，着装使得人们的休闲娱乐生活变得放松自由，这是美国设计师在功能方面对户外服做出的成功探索，使"后户外运动"从英国传统的户外生活转向了美国现代的户外生活。因此与其说这是一种探索不如说是在英国经典户外服的基础上做出的改进。早在19世纪英国人就已经给户外服注入了追求自由、亲近自然、磨练意志的户外运动精神，出现了猎装夹克、巴布尔夹克等多种经典的类型。因此可以说，户外服历久弥新的经典是通过无数次功能萃取的美酒，继承者的智慧是利用它，而不是放弃它。

　　我们以美国经典的防寒服为例来认识经典户外服对功能的传承性。从整体上讲，它的造型与风格有着英国经典夹克巴布尔的影子，插肩袖结构，金属拉链与按扣组合的复合式门襟，多功能设计的复合式口袋都体现着英国贵族休闲文化的务实精神。它的功能设计不仅能防风、防雪、防冻，更符合人体工学对于运动方便、耐穿的基本要求。连身帽子很大，戴上之后仅露出眼睛、鼻子等小部分面部，增强了其保暖、防寒功能，插肩袖结构使上肢保持了良好的穿脱方便和防雨功能。腰部与下摆松紧带的设计，增强了保暖调节性，袖口的搭襻、帽子的边缘都可以调节松紧度。口袋设计更是考虑人的各种需求，上边两个小袋设有活褶以增加容量，口袋用尼龙搭扣开合更为方便，下面两个大袋旁边设有开口，方便手的插入。面料采用易洗快干的轻便、耐磨和防水人造织物，比浸蜡处理表面的巴布尔夹克更易打理，中间夹层材料选用轻软而保暖性好的充绒，里子则选用滑爽面料，以便穿脱自如（图7-5）。

　　美国版的防寒服形制上借鉴了巴布尔的经典语言，使冒险主义精神与绅士风度完美结

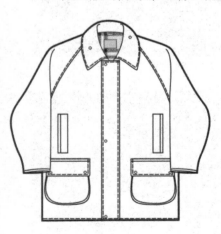

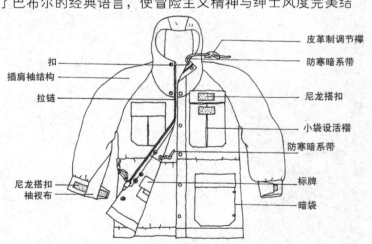

皮革制调节襻
防寒暗系带
扣
插肩袖结构
拉链
尼龙搭扣
小袋设活褶
防寒暗系带
标牌
尼龙搭扣
袖衩布
暗袋

英国巴布尔夹克的"厚重"传统　　　　　　美国防寒服的"轻盈"风格
插肩袖、复合门襟和箱式口袋从巴布尔演变而来

图7-5　从英国巴布尔夹克到美国防寒服的传承

合，既增强了使用者的品位又拓展了使用功能。每一个细节设计又以提高实用性、方便为宗旨，使素有实用主义的户外服始终行走在经典与功能之间，也揭示了户外服的一个重大命题：以"厚重"去解读英国式的户外服传统，以"轻盈"去诠释美国式的户外服风格，这就是以经典和功能识别户外服的品牌，一个成功者一定要把良好功用和经典元素作为坐标来选择自己的户外服。那么认识户外服的经典元素并清楚其与功能巧妙的结合，从了解巴布尔夹克开始，则是一个休闲绅士的必修功课。

三、巴布尔夹克
——任何户外服都不能替代的绅士标签

如果我们了解了巴布尔夹克的身世，就会明白为什么职场中对能够驾驭巴布尔夹克的人心生敬畏了。巴布尔夹克（Barbour）又称浸蜡夹克，大约是 1894 年英国古老的定制公司巴布尔开发的产品。它的产生时间和设计师至今也没有权威的考证，不过有一点是可以肯定的，就是它取代了传统意义上的狩猎夹克成为现代狩猎夹克鼻祖，它比诺福克夹克（传统狩猎）更加实用、内敛和谦逊，与巴尔玛肯外套似乎有着亲缘关系，又表现出纯粹的英国贵族血统而倍受皇家器重（图7-6）。如今，这家公司已获得三家王室成员的供货授权，分别是英国女王、公主和爱丁堡伯爵，虽然巴布尔公司从来不通过广告来宣传自己，但王室成员穿着巴布尔夹克的社交形象影响全世界，成为巴布尔公司绝佳的形象代言，这一光环成为政要、成功人士冬季户外服的不二选择，就是大牌的电影作品也不能无视它的存在（图7-7），那么是怎样的魅力让巴布尔成为绅士、贵族和成功人士的砝码？

猎装夹克　　　　　　　巴尔玛肯外套　　　　　　　巴布尔夹克

图 7-6　保有纯粹英国贵族血统的巴布尔夹克是在猎装夹克和巴尔玛肯外套的基础上进化而来

传统巴布尔夹克特有的制作工艺使得它与众不同且无法复制。采用埃及长绒棉通过一种特殊的浸蜡工艺程序，使得这种夹克既可防雨又结实耐用，甚至在刚开始穿着的时候还可能会掉蜡，其重量之大可想而知。穿一段时间需要打理的时候，决不能自行处置，因为

①电影《女王》和比利时公主身上纯正的巴布尔夹克不仅是彰显着正统的王室血统，还具有主流社交的示范作用

②布什总统着短款巴布尔夹克在德克萨斯农场招待普京夫妇

图 7-7 巴布尔夹克成为贵族、绅士、成功人士品位休闲的标签

商标上明显的忠告是，要像保养名贵房车一样，"每月检查一次是否有涂蜡脱落，必要时需到巴布尔公司总部做涂蜡保养"。包括 "垃圾色"的每一个细节都要保持其固有的形态和准确无误的表达，因为它们都——承载了一段美好的历史信息。这正是绅士们辨别传统巴布尔和现代巴布尔的秘诀，在社交界保有这样的密符可视为收藏级（图 7-8）。其实在舒适性上，这种工艺的象征意义大于实际意义，因为无论如何现代的新材料、新工艺和新技术既方便、廉价又有质量保证。因此，但凡世界级的品牌都不能无视它的魅力，而成为奢侈品仿制的保留产品（图 7-9）。

在户外服中，无论是公务、商务还是非正式场合，看中巴布尔夹克的，是因为它所带来的精神财富是无法估量的，表现在它在现代社交界始终代表着一种高品位的生活方式，是修养、财富和成功的象征，但并不被普遍认识而弥足珍贵。在整个欧洲，尽管每个国家都有不同的信仰，而巴布尔所传递的品位、风度和智慧几乎征服了整个欧洲，甚至成为超越一切社交规则，代表着一种高贵品质的文化符号。比如在晚上的正式场合中（理应穿塔士多），选择巴布尔配羊毛衫和牛仔裤要比穿不合体的塔士多或穿错皮鞋的人会更有品质。在欧洲拥有巴布尔就如同 19 世纪末拥有了福瑞克大衣一样，就得到了一张进入上流社会的入场券。穿着破旧巴布尔夹克进入奢侈品商店时，不会被以为是拾垃圾的乞讨者，而是地道的绅士，不但不会受到冷遇，反而会受到热情的接待，因为陈旧不堪的巴布尔就如同用旧的银行信用卡那么可靠，似乎拥有了它就拥有了信赖和获得了品位休闲生活的一切，因为没有哪种服装能够诠释这种秘密。

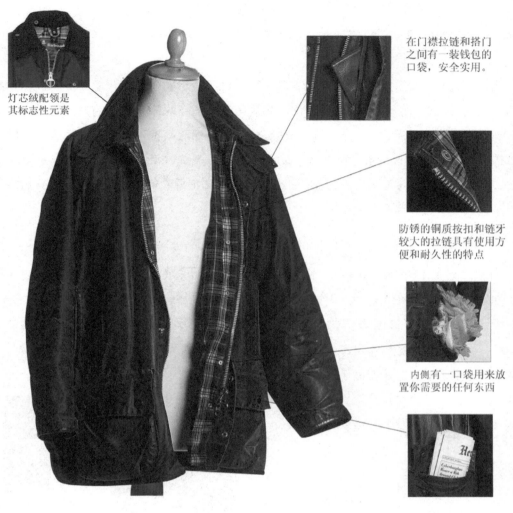

灯芯绒配领是
其标志性元素

在门襟拉链和搭门
之间有一装钱包的
口袋，安全实用。

防锈的铜质按扣和链牙
较大的拉链具有使用方
便和耐久性的特点

内侧有一口袋用来放
置你需要的任何东西

箱式贴袋容量大，采用
圈角防止口袋藏污纳垢

面料浸蜡工艺和苏格兰格布衬里是其标志性元素

图 7-8 经典巴布尔夹克独特的设计与工艺

图 7-9 巴布尔夹克是现代户外服品牌的保留产品

四、品位休闲生活的其他选择

当然在品位休闲生活中不可能只有巴布尔，如果说巴布尔夹克代表了英国的休闲品质的话，而使其国际化、大众化、多元化，并从中享受到品味休闲生活的户外服理念则是美国人创造的，户外用品便成为全球化的超级产品。户外服根据不同用途、场合、气候等又分为很多类型，比如运动类、休闲类、防寒类、避暑类等，每类中都有其经典款式和搭配密诀，是公务、商务人士明智的选择，只有整体解读和把握它们才能更好地品味休闲生活，体验多元化的公务和商务的成功。

（一）年轻成功者的利发儿（Reffer Jacket）

利发儿夹克（Reffer Jacket）是水手夹克（Pea Jacket）的前身，后又扩展到飞行夹克（Pilot Jacket）。在19世纪用作英国和荷兰的海军制服，成为水手版运动西装（Blazer）的原型，20世纪成了美国海军军官制服，并在世界主流军服中确立了军官制服的地位（图7-10）。这种有军旅出身和不列颠文化背景的服装，总是归围于正统绅士服之列，社交界但凡识之便迅速晋升，像运动西装（Blazer）、达夫尔外套（Duffel Coat）都续写了这样的命运。

利发儿款式特征相对于早期小翻领发展到现在宽大的翻领，双排扣六到八粒，扣子多为果木质或金属纽扣，上面刻有锚链图案或海军徽章，这是识别真假利发儿夹克的重要标志。其原始款式有两对口袋，胸部有一对垂直的插袋，腰部是一对有袋盖的口袋，现今只保留了一对位于腰部附近的垂直插袋。面料多采用厚重的粗纺羊毛织物。由于它有厚重的历史积淀和职业化特点，很受年轻白领的偏爱，在春、秋、冬季非正式职场中大放异彩（图7-11）。

刻有锚链图案的纽扣

利发儿夹克

英国海军军官制服

水手版Blazer

图7-10 海军军官制服和水手版运动西装源于利发儿夹克不列颠古老的基因

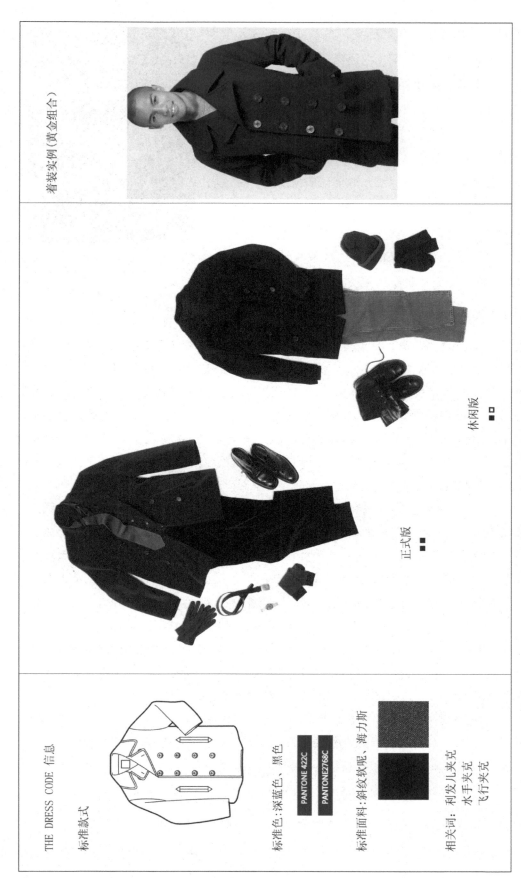

图7-11 利发儿夹克的搭配方案

　　尽管利发儿有将近 200 年的历史，其款式直到今天也没有发生大的改变，只是细节的变化以适应潮流。整体上利发儿比一般的短外套还短，采用深蓝色或黑色等制服色，加上其简洁的款式往往给穿着者更大的自信心，在职场中很受年轻白领的喜爱也与此有关。如果说巴布尔是老练绅士标签的话，利发儿便是年轻成功者的最爱。在 2010 年南非足球世界杯诸多记者中，西班牙女记者萨拉穿着利发儿的形象印象深刻，在这场记者战中它使萨拉加分不少，给人以理性的干练质素、新锐的职业感、优雅的时尚性之感。这种休闲装的境界走到这一步，可以说是她对 "THE DRESS CODE" 的理解的升华的彰显，这是用户外服诠释年轻成功者最真实和完美的案例(图 7-12)。

图 7-12　西班牙记者萨拉穿着利发儿的职场形象给她带来比其他记者多一倍的机会

（二）不好惹的瑟法里夹克（Safari）

　　在职场中表达进攻的态势，尽管是较正式场合，选择户外服仍是有效的。如果说利发儿夹克还有些保守，白兰度夹克又有点咄咄逼人的话，瑟法里夹克正合适。

　　瑟法里夹克又称作猎装夹克、森林夹克、衬衫式夹克(Bush Jacket)、游猎场夹克(Safari Field Jacket)，总之都与狩猎、垂钓、园艺、筏运、远足等户外活动有关。它是一种多功能的休闲夹克，源于美国名绅莫顿·斯坦利在 1871 年探险非洲丛林和沙漠时所穿的一种探险夹克，于 20 世纪 60 年代成为美国中上层社会探险家的经典装备，可以说是美国版的巴布尔夹克。正因为其功能元素精准的表达，造就了它在职场中可信赖的口碑。

　　瑟法里夹克是美国冒险精神的产物，与英国传统贵族享受型户外生活不同，美国人对澳大利亚原始丛林和中南非洲沙漠等恶劣环境的探险，就像他们发现新大陆的行为一样，也造就了瑟法里夹克的冒险性和探索精神，如采用军服的肩章，用于保证望远镜和相机不会从肩部滑落；腰部的腰带或拉绳可调节腰部的松紧度；袖口的调节襻可调节袖口松紧；有多个带褶裥的口袋设计（立体的老虎袋），能最大容量地携带旅行用品。面料采用 100％ 的棉，现在多采用经过水洗、打磨之后的棉府绸，使其变得结实、质轻、透气性好、舒适。里料采用纯棉的印花面料，往往在上面印有图案或地图。所有颜色都模拟自然色设计，卡其色用于沙漠探险；褐色或橄榄绿色用在灌木丛林里狩猎，奢侈品往往采用天然色素来浸染，显得有些陈旧，这一切无疑打上了反叛、冒险绅士的标签（图 7-13）。

　　这样的装备同样出现在 2010 年足球世界杯上西班牙电视台记者萨拉的身上，其实她给我们传递了一个非常有价值的信息，瑟法里夹克让我们就像猎杀动物一样猎取一切有价值的信息，表明 "我们不是好惹的" （图 7-14）。

（三）摩托夹克（Motorbike Jacket）——叛逆年轻贵族的最爱

　　摩托夹克的叛逆就跟它的出身一样具有对传统的颠覆性，成为年轻贵族的最爱，这是因为它的故事总是发生在纨绔子弟身上。摩托夹克又称作白兰度夹克（Brando Jacket），

款式特征

黄金组合　　　　　　　　　　　　　　着装实例

图 7-13　极具反叛与冒险精神的瑟发里夹克

图 7-14　瑟法里夹克暗示"我们不是好惹的"（2010 年足球世界杯当时萨拉报道时的标志语）

图 7-15　电影《飞车党》里穿摩托夹克的马龙白兰度

从机车夹克演变而来，是经典户外服中为数不多的皮夹克，因为在绅士们看来，皮质这种材料有显富和掠杀动物之嫌，这就决定了正统绅士选择它很慎重。1953 年马龙白兰度（Marlon Brando）出演的《飞车党》，摩托夹克是他的标志性服装，一时成为纨绔们追逐的目标，这几乎成了一种激进贵族玩世的传统和标签（图 7–15）。其典型特征是铝制金属拉链和纽扣以及不对称斜襟设计。这是美国人批判现实主义的代表作，体现了崇尚自由、挑战、创新、激情的品格。

　　摩托夹克之所以被上层社会接受是因为它成为了实用性与时尚性完美结合的典范，后来受到次文化影响，向两个方向发展，一方面为摇滚明星、朋克一族所用，其典型特征即夸张地运用金属铆钉和饰物，代表了先锋派的时尚，如美国摇滚巨星迈克尔·杰克逊，时尚版的马龙白兰度夹克成了他的最爱，也成为这一族群标榜的偶像（图7-16）；另一方面坚守传统元素成为玩世不恭的贵族文化符号，以功能的纯粹性为特色。强化实用性，面料采用厚重的水牛皮，保护性好，款式设计采用斜襟金属拉链起到很好的防风降阻作用。斜向拉链的设计更加

图7-16　夸张的摩托夹克是迈克尔·杰克逊的最爱

修身合体，底摆的腰带保证了腰部的合体度，袖口采用斜向拉链来调节松紧度，这些设计都是为了加大合体度以减少进行机车运动时的阻力。口袋的设计都采用斜向开口并且用金属拉链固定，不采用袋盖以减少在运动时影响注意力，仅有一个有袋盖的口袋位于正面，对高速的机车运动并不产生影响。这种极尽功能的设计，深刻表达了美国主流文化的务实与冒险，而使传统的绅士敬而远之，当表达对传统的叛逆时它又成为年轻贵族的利器（图7-17）。

领口挡风搭襻

斜向口袋，既方便使用又具有收紧腰身的效果

袖口拉链，用于收紧袖口

腋下气孔保持空气流通

可拆卸的腰带

图7-17　经典摩托夹克的功能设计与叛逆风格是职场创新派的标志性选择

（四）崇尚体育和团队精神的斯特嘉姆夹克（Stadium Jacket）

　　在整个运动夹克大家族中，如果说巴布尔夹克和利发儿夹克是英国传统贵族户外休闲生活结晶的话，瑟法里夹克、白兰度夹克和斯特嘉姆夹克则是美国贵族冒险文化的缩影，而其中唯有斯特嘉姆夹克源于体育项目，其实这正揭示了现代休闲生活的基本格局，即像

英国人的高雅悠闲，美国人的探险和崇尚运动。在职场，它们则暗示着享乐竞争进取和团队协作的智慧。斯特嘉姆夹克表达的则是最朴素的职场价值，即体育的团队协作精神。

斯特嘉姆夹克源于棒球运动又称作棒球夹克（Baseball Jacket），最初产生于美国高校的运动夹克，伴随着棒球运动的普及而成为典型美式文化的一部分。它所包含的社团信息和校园文化标识性设计的样貌，对"团队精神"的独特解读比它的实用功能更具有职场价值，特别是对于表达企业文化的团队意识（图7-18）。

斯特嘉姆夹克充满体育背景的元素揭示着绅士崇尚运动的进取与团队协作精神。在款式设计上，衣身和袖子采用明暗对比强烈的撞色设计；在色彩选择上根据团队的主色来定，包括企业、俱乐部、社团的标志色；门襟采用子母扣设计是对传统和经典的记录（最初诞生时的面貌）；前身和后背的图案设计是根据运动俱乐部的标识或流行信息来定。总之，这一切设计主要是起标识作用，在比赛的时候让球迷和队员之间能够产生良好的沟通，体现团队凝聚力。对于球员来说，还可作为训练和赛前热身的保护服。

斯特嘉姆根据材料的不同分为两种：一种是用100%的羊毛或皮革制作，主要用于冬季；另一种是采用尼龙或涤纶与起绒的柔软材料混纺，主要用于春秋季，有易洗快干的特点。斯特嘉姆夹克与白兰度夹克有同样的叛逆风格和富于美国文化的特质，不同的是前者表达的是校园文化、团队精神；后者则表达的是街头文化和个性至上，因此，前者更能被年轻的公务、商务白领所接受。

图7-18 渗透着团队精神和校园文化的斯特嘉姆夹克

（五）李维斯（Levi's）牛仔裤——不拒绝任何人的职场新贵

今天在户外服中没有一个品种比牛仔裤更发达，它成为不分阶层、年龄、性别，甚至不分场合的超级服装。虽然它的出身卑微但它不可抗拒的魅力造就了李维斯 501 牛仔裤帝国，今天全球的牛仔裤制品几乎都是由此发展而来。它经历了与上层社会将近 1 个世纪的博弈，只有李维斯 501 进入了上层社会的视线，这是为什么？

牛仔裤起源于 19 世纪的美国，经历了由劳动者的工作服到叛逆符号，最终进入大众时尚的复杂过程。起初是由李维斯公司设计的以 501 牛仔裤为代表的结实耐穿的劳动裤，在 20 世纪 50 年代这种蓝色带有铆钉耐穿的劳动裤受到叛逆青年的狂热崇拜。在欧洲大陆，来自美国的牛仔裤成为自由、冒险和重获新生的象征，成为反战青年的标志。20 世纪 60 年代末期，牛仔裤从叛逆的角色转变为大众化时尚，其款式设计也越来越多元化。而只有 501 标志性款式成为经典，成为上层社会衣橱不可或缺的一员，其原因，通过技术化的理论研究发现，它的每个元素对人性都表达得恰如其分，而并不是像我们想象的那样粗糙缺乏理性和智慧。比如牛仔裤标志性的后腰约克设计，从后中心线向两侧缝线逐渐向上延伸，呈斜线而不是水平线。袋和约克线形成不平行的角度都是基于人体工学的考虑，后口袋上的两条弧线看似是为了装饰，实则是由处理口袋毛缝工艺所致。采用铆钉的设计更不是出于装饰目的，而是牛仔面料粗糙、厚实、需要加固的自然流露，以此增加其耐磨性和耐扯性，而铆钉是最佳选择也成就了牛仔裤独一无二的风格。最重要的是如何识别考究的 501，是看其前门襟是否采用金属纽扣来固定而不是拉链，因为在当时拉链还没有发明出来，以真实反映它的历史原貌。501 牛仔裤之所以能成为上层社会绅士服的一员，以保存经典著称与它优良的功能设计是分不开的，这与绅士的务实精神和信守价值不谋而合（图 7-19）。

直到 20 世纪 90 年代，牛仔裤才真正确立它的主流地位，几乎人手一条，且穿着者不分年龄、不分场合。但是，作为公务、商务人士，牛仔裤只能与休闲西装、其他户外服组合成为包括休闲星期五在内的休闲社交的选择，它必须在这样的环境下才不拒绝年龄、性别和职位（图 7-20）。

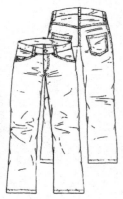

图 7-19　501　牛仔裤标志性设计

（六）作为品质 Polo 衫最值得怀疑的地方

Polo 衫又称作马球衫、网球衫或高尔夫衫，可见 Polo 衫几乎成为所有高雅运动项目的经典装备。其经典造型为 T 型结构，有领套头式开襟，纽扣两到三粒，衣身前短后长，袖口采用与领子相同的罗纹面料，面料采用有凹凸组织的针织棉绒。真正高品质的 Polo T 恤在细节上是有密码的，需要解读，作为公务、商务人士这点知识不一定都有，但它会让你付出代价。

19 世纪末 20 世纪初，网球运动员比赛时通常穿长袖白衬衫，将袖子挽起，搭配法兰绒裤子和领带，今天看来这身装扮并不很适合运动。曾得过 7 次法网大满贯冠军的拉克斯特对

门襟用扣系合
而不是拉链

约克和口袋的
设计是倾斜的

后约克线不是装
饰线而是造型线

口袋上的两条
弧线是处理毛
缝工艺的残留

牛仔裤主要与休闲西装
和户外服搭配用于公务，
商务的休闲星期五场合
或非公务休闲场合

图 7-20 经典的细节设计成就了 501 牛仔裤，最适合包括休闲星期五的休闲度假

网坛名将拉格斯特

图 7-21 拉格斯特及其创立的鳄鱼恤，后发展为 Polo 衫帝国

鳄鱼恤（网球衫）

Polo衫（马球衫）

这种笨重并不舒适的运动衫进行了重新设计，白色短袖、有领且柔软的针织 T 恤便应运而生。柔软的领子可竖起来遮挡太阳照射，后摆长于前摆，还能看出传统内穿衬衫的影子。1926 年美国网球公开赛上拉克斯特第一次穿着，后来把自己的外号"鳄鱼"的图案绣到了衣服左胸上作为标识，1933 年拉克斯特退休后便与朋友一起创立了鳄鱼品牌并推向欧洲和北美，这种组合也就成为 T 恤奢侈品牌的标志性样式（图7-21）。

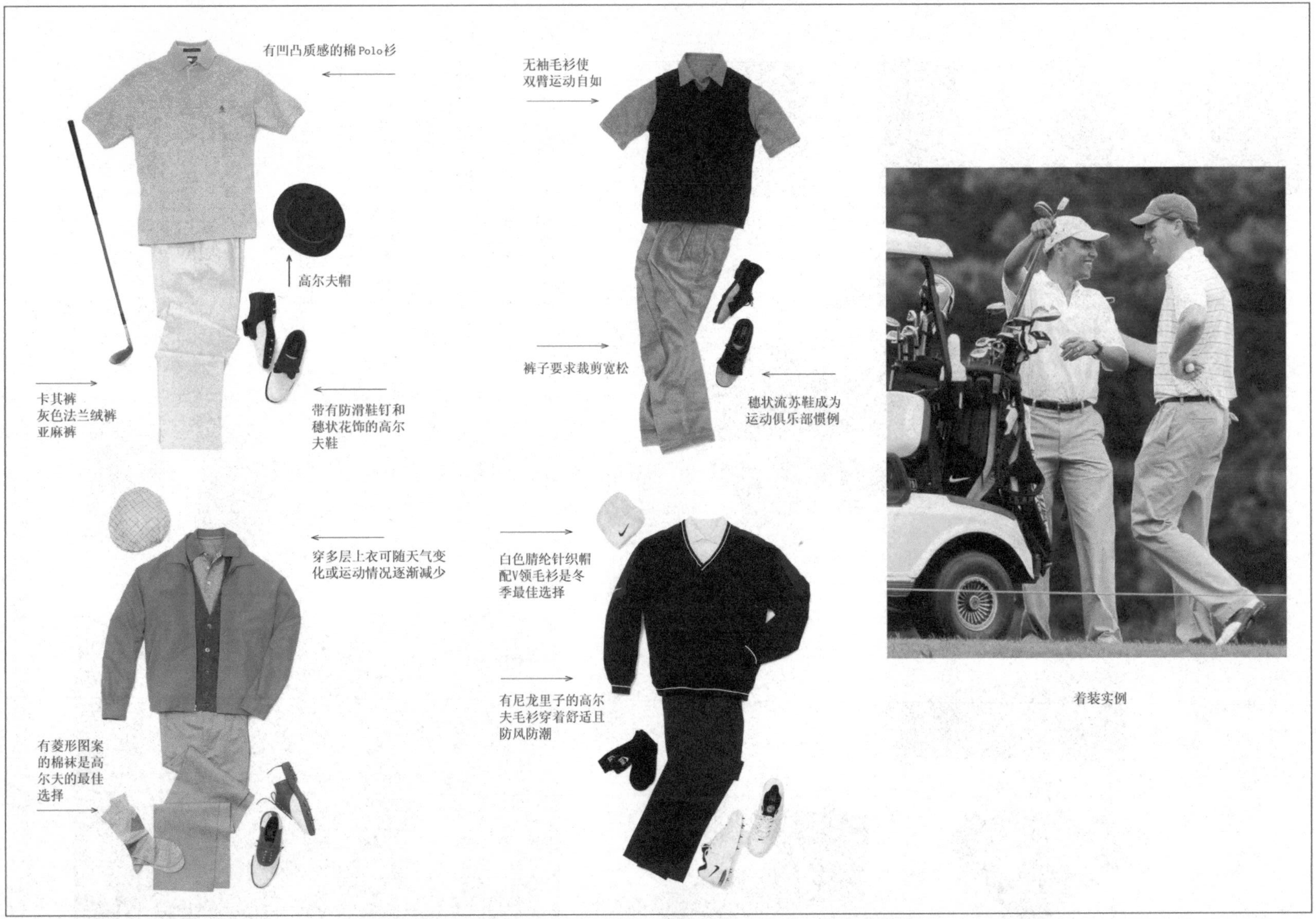

着装实例

穗状流苏鞋成为
运动俱乐部惯例

无袖毛衫使
双臂运动自如

裤子要求裁剪宽松

白色腈纶针织帽
配V领毛衫是冬
季最佳选择

有尼龙里子的高尔
夫毛衫穿着舒适且
防风防潮

有凹凸质感的棉Polo衫

高尔夫帽

带有防滑鞋钉和
穗状花饰的高尔
夫鞋

穿多层上衣可随天气变
化或运动情况逐渐减少

卡其裤
灰色法兰绒条纹裤

有麦形图案
的棉袜是高
尔夫的最佳
选择

图 7-22　Polo衫成为运动俱乐部着装惯例但休闲搭配方案会有多种

在 1933 年鳄鱼 T 恤打开北美市场之前，马球运动员们仍然穿着用牛津布制作的长袖衬衫，这种衬衫是 19 世纪末美国的布鲁克斯兄弟公司设计的，是领角上有纽扣的款式，与早期的网球衫一样，这种服装是梭织面料的外穿衬衫，它的舒适性仍不理想。鳄鱼 T 恤进入美国市场以后，马球运动员们采用了这种款式作为运动衫，并依照鳄鱼 T 恤的传统绣上了俱乐部的标识，成为马球运动员专业的运动衫。与此同时，高尔夫俱乐部通过对马球衫进行了细节改变，前领开襟更加靠下，采用 4~5 粒纽扣，衣身采用涤棉混合或丝光棉等材料，领子采用与 Polo 衫相同的单层罗纹针织面料，而衣身采用不同的双面织的针织面料，这些成为高尔夫俱乐部着装的惯例（图 7-22）。

Polo 衫作为夏季休闲装，其使用越来越广泛，不仅包括运动场上的勤务人员，如高尔夫球童、球赛广播人员着装，还包括零售业的销售员和学生制服，公务、商务的非正式着装等，已经远远超越了运动领域而为大众所接受。Polo 衫与 501 牛仔裤有同样的大众时尚基础，公务和商务人士值得注意，这就是除前边讲到的下摆前短后长外，左胸如果设有口袋作为品质 T 恤是最值得怀疑的，因为它占据了"鳄鱼"图标固有的位置，作为崇尚传统的成功者不会改变这个细节，因为在他们看来"不变才是硬道理"（图 7-23）。

① 2000 年穿着很有品质 T 恤的普京和夫人在印度泰姬陵　② 美国前总统布什穿着无领 T 恤现身女子垒球场，与穿着 T 恤的澳大利亚教练交谈　③ 英国首相布莱尔穿着品牌 T 恤与妻子观看游泳比赛

图 7-23　政要的 T 恤关键看细节（左胸为标识而不能是口袋）

（七）钓鱼背心（Fishing Vest）的品质最重要

钓鱼背心往往被认为是记者背心而使公务、商务人士敬而远之这是误读，其实钓鱼背心是爱好垂钓这项户外运动人士的必要装备，与记者这种职业没有任何关系，其细节设计的主要目的是尽量多的携带垂钓必备工具，比如鱼竿、雨衣、水瓶、渔具、手电筒、地图等。因此，首先，需要尽可能多的口袋来分类和增加容量，标准版钓鱼背心有 20 个左右的口袋；其次，穿着要合体，舒适，尺寸最好比你的衬衫或夹克大一号，防止装满物品之后空间不足；最后，质量要求高，尤其是整体边缝要附加滚边以增加其牢固度，肩部设计也是重点，多采用约克结构，以分散压到肩上的所有重量。可见，钓鱼背心所有的设计都是因为特有的功能而确定它每个细节的样式组合，不能轻易删减，如何判断真假除由品质决定元素的规范性之外，还有一个指标性的要素就是高品质的钓鱼背心一定很短（图 7-24）。而对于公务或商务人士，

边缘有金属丝的遮阳帽不仅具有遮阳、防水作用还可卷曲成各种形状以应对各种天气变化

阿波罗帽

钓鱼背心

由合成革或快干尼龙制成的鞋具有防滑作用

由快干面料制成的衬衫适合在温暖季节里穿着，胸前两个大口袋可以装临时渔具

两侧有大口袋的钓鱼短裤

图 7-24　钓鱼背心的经典组合及着装实例

更多的是将其作为户外作业服，如探险、田野考察、采风等，重要的是品质不要出问题，因为它暗示信任、可靠、耐力、亲和力的品质。因此，就是政要、工商界精英们也会对它青睐有加（图 7-25）。

图 7-25　2005 年穿着钓鱼背心的日本首相小泉纯一郎非正式访问印尼时为当地师生表演呼拉圈

（八）休闲背心具有多元职场风格的调节功能

如果说钓鱼背心更加专业化的话，更适合于户外运动，选择休闲背心则更符合职场气氛，因为它从礼服背心演变而来。正如礼服细节中所讲的背心是究斯特科尔时代的产物且一直沿用至今，慢慢地也由礼服背心衍生出一个庞大的休闲背心家族，也可以说是后现代主义思潮推动了礼服休闲化、内衣外穿化的时尚潮流。现今休闲背心不但功能多样，用途广泛且没有性别之分，与休闲西装、牛仔裤、T 恤等休闲装搭配风格表现丰富，成为调节职场气氛很有效的服装，而被列入男女衣橱里的重要搭配之一。

休闲背心是可以自由组合的户外服，是独特的换季品种，在春秋季起到保暖护身作用。根据面料的不同大体分为梭织类和毛衫类，穿着方式比礼服背心有更多的自由度，它成为休闲星期五和特别岗位的有效选择如金融、IT 的服务岗位。穿着时要求合体但不束身，前襟倒数第二粒纽扣应盖过腰围线，最后一粒纽扣不系，一方面它是为了便于臀部的活动，另一方面也是英王室爱德华七世留下的着装传统。面料花色沿用传统采用苏格兰小格，因此，社交界有花式背心的说法。质地较粗，有时用羊毛背心替代。搭配与主服保持统一色调是它的配色原则（图 7-26）。

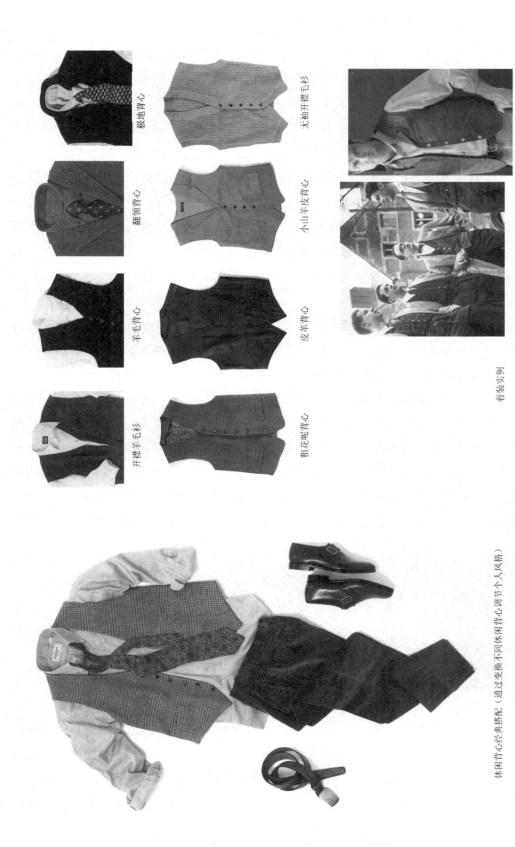

极地背心

翻领背心

羊毛背心

开襟羊毛衫

无袖开襟毛衫

小山羊皮背心

皮革背心

粗花呢背心

着装实例

休闲背心的个性搭配对职场风格有调节功能但要慎用正式场合

休闲背心经典搭配（通过变换不同休闲背心调节个人风格）

图 7-26　休闲背心

（九）休闲裤丰富的个性职场表现

裤子在人们的日常生活中总是以配服的角色出现，一方面是因为它在着装时偏离人们的视觉中心，不足以吸引人们的注意；另一方面款式、结构较为单一，不利于着装者个性的表达，但这些不能作为忽视裤子的理由，尤其在职场上，当对一个人进行细致观察的时候，就进入了裤子和鞋这个区域，如果说"细节决定成败"成立的话，这将是评价的关键区域。因此，它仍是公务、商务社交品位着装评价的重要因素，甚至是决定性因素。

裤子从整体上划分为西裤和休闲裤两大类，西裤又分为晚礼服裤和日间礼服裤，这在职场中形成定势。休闲裤根据长度不同可分为长裤与短裤，根据面料的不同其划分就更为细致，并有明显的职场暗示，这使休闲裤具有更丰富的职场价值取向与个性表达。在礼服裤中，从礼服到西服套装，除用于日间礼服的黑灰条相间的裤子之外，几乎所有的裤子都是与上衣同质同色，可见与上衣异质异色的裤子具有休闲化倾向。这也就决定了休闲裤不能用于公务、商务的正式场合中。

休闲裤根据面料的不同与运动西装和休闲西装搭配可产生不同的风格，法兰绒和马裤呢要比灯芯绒和鼹鼠皮面料显得更为正式（图7-27）。其中法兰绒休闲裤是最为经典和传统的，不仅穿着舒适并且全年都可以使用，与长袖Polo衫、运动西装搭配是周末休闲度假的理想选择。与法兰绒裤相比，新贵卡其裤充满了军事神秘色彩，它来源于印度，译为"垃圾色"，因为它有良好的保护色功能成为英国士兵的军服色，非常适合当时的战争环境，因而被长期运用而成为休闲经典得以保留下来。第二次世界大战期间为美军所用，后来作为市民夏季裤子被广泛使用而进入时尚界。它有黑色、灰色、白色和卡其色（驼色），有着传统的运动感，能与水手夹克搭配出正式感，亦可与针织毛衫和牛仔夹克搭配得很休闲。运动短裤最典型的面料也是卡其色，裁剪宽松，长度在膝盖附近，但仅用于海滩、竞技运动场和私家花园的园艺中。除此之外的其他场合都被认为是不合适的，尤其是公务、商务场合中绝对是禁忌（图7-28）。

休闲裤的选择不必依赖于时尚的变迁，依据环境要求和个人条件整体规划确定休闲裤定位是明智的。有没有褶裥，宽松与紧身，微喇

花呢（Tweed）灰色花呢与单色布雷泽西装形成柔和对比，它也与其他的花呢纹样的上衣形成协调，例如千鸟纹和多尼盖尔花呢上衣

华达呢（Gabardine）不管是棉的还是毛的都是全天候的选择，质感柔滑，卡其色是它的标准色，深蓝色或黑色可以与任何上衣相配

法兰绒（Flannel）有灰色或白色，是不可或缺的经典单品，夏季可选择亮灰色轻质羊毛面料，与运动西装、夹克西装搭配成为经典

灯芯绒（Corduroy）优良的裤子面料，柔软耐穿，是典型的休闲裤，与户外服装配是最佳组合，与花呢西装组合更强调了它的户外性和季节性（秋冬）

马裤呢（Cavalry Twill）这种毛或棉的斜纹织物非常结实，最初用于赛马或乡村风格的套装中，与花呢和结子毛呢上衣形成强烈的对比效果，它是休闲裤中相对保守的一种，它的风格很像马达呢

图7-27 休闲裤的各种面料材质

与锥形裤口等都是根据个人的体型条件来决定。裤口宽是皮鞋长度的三分之二，以保证裤子的悬垂效果。根据个人腹部的体形条件选择无褶裥、一个褶裥或两个褶裥：身材苗条的男士可选择无褶裥裤它会有效地表现身材优势；选择一个褶裥能保证坐下时感觉舒适，两个褶裥臀部的宽松空间会更大，并对人体有掩盖作用，这比是不是流行更有价值。

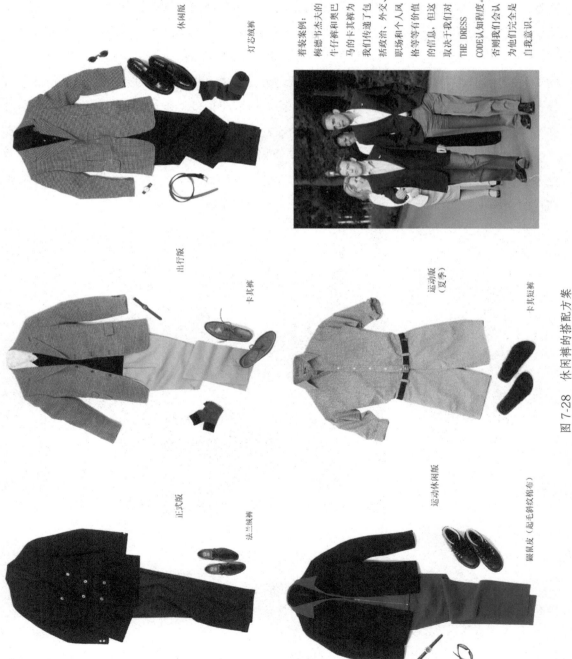

图 7-28　休闲裤的搭配方案

（十）从地位卑微走向休闲经典的羊毛衫

现今由于职场休闲感的不断增加，羊毛衫成为寒季休闲经典之一，寒季休闲社交选择羊毛衫是有英国贵族的传统，它和巴布尔夹克、卡其裤统称冬季休闲三杰，它们的组合可谓黄金档。但羊毛衫的出身没有丝毫贵族血统，在 19 世纪中叶以前是被绅士们拒之门外的丑小鸭。最初由于它的价格低廉、牢固耐穿和便于劳作，是农夫、渔夫和水手的劳动服。随着生活方式的多样化和纺织科技的发展，运动成为中产阶级娱乐方式之一，羊毛衫也改头换面成为贵族用于自行车、棒球、马球等运动项目中。"Sweater"（羊毛衫）一词中的"Sweat"具有出汗的意思，可见羊毛衫是一种既保暖又易排汗、适合运动的服装。早期的羊毛衫是圆领，主要是保暖作用，后来出现了 V 形领，广泛地用在各种运动俱乐部中，便于装饰各种颜色体现不同俱乐部特色。V 领毛衫是一种多功能毛衫，能使衬衫和领带暴露较多，俱乐部特色突显。无袖菱形花纹的毛衫是背心的最好替代品。采用开司米羊毛制作的毛衫质轻且柔软，在较热的办公室内仍让人感觉凉爽和舒适。在一些创意环境中，V 领开司米羊毛衫搭配 T 恤更为自然。总之，它们在寒季休闲星期五，是公务、商务最不能忽视的选择（图 7-29）。

真正的英国风格毛衫颜色鲜艳，与上班时暗灰休闲西服形成对比，用于公务、商务非常规场合，如休闲星期五、户外运动等。

V 领羊毛衫

圆领羊毛衫

图 7-29　羊毛衫的搭配方案

所有羊毛衫里面最为经典的要数卡迪根开襟羊毛衫（Cardigan），其特点是门襟为开襟，用纽扣系合，与衬衫和领带搭配较为正式，最能表现优雅与宽容的气质。它源于劳动工人的工作服，用羊驼绒制作，后因为领导卡什米尔战争中轻骑兵军团的英国卡迪根伯爵七世而出名。黑色或炭灰色的用开司米或美利奴羊毛制作的卡迪根羊毛衫能与各种休闲西装相配，男女通用，并且在脱掉上衣时仍给人一种着装的正式感和历史感（图 7-30）。

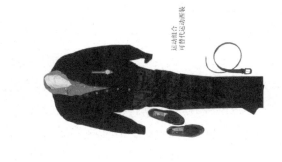

运动组合
可替代运动西装

个性组合
爵士风格
牛仔
皮夹克
开襟毛衫
T恤

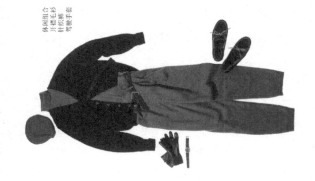

休闲组合
开襟毛衫
针织裤
驾驶手套

经典组合
灰色法兰绒裤
开襟毛衫
丝绸领带

晚间派对组合
单排套裤子
背带

图7-30 开襟羊毛衫的搭配方案

着装实例

五、品位休闲社交的户外服配置

以上经典户外服之所以能成为经典，不是靠昙花一现的视觉刺激，也不是靠大牌设计师的灵感迸发，而是靠科学的思维和对客观规律的准确把握。服装发展史与其说是一部艺术史，不如说是一部科技史更能反映服装的真相。户外服良好的功用设计是紧扣社会发展脉搏的，如果与此相悖，也一定被历史所舍弃，在职场中服装变得越来越休闲化也证明了这一点。

对于公务、商务人士来说户外服主要用于公务、商务非正式的户外休闲、运动和公务约定的非正式活动，因为多在户外，它的季节性很强。根据公务和商务人士的经济条件和职位的考虑，可以规划出户外服的基本配置和升级配置，但无论哪种配置选择依据 THE DRESS CODE 的指引是明智的。

（一）基本配置

如果是春、秋、冬季以巴布尔夹克为首选，搭配牛仔裤或卡其裤是一种经典而万全的组合方案，因此作为公务、商务休闲的基本配置最合适。如周末商务式的休闲度假，在非正式公务、商务中这种配置是极具品位的。冬天严寒季节，毛衫成为保暖的必备单品，其中板球毛衫是最佳选择；搭配格子衬衫是英伦范的表达且休闲味道十足，一般不扎领带。帽子既要保暖又能诠释品位休闲风格，粗花呢软帽是黄金组合。黑色袜子和黑色休闲鞋在非正式公务、商务中仍然是最可靠的，但在休闲星期五和周末休闲度假时也可选择其他颜色的袜子和旅行鞋，包括灰色袜子、运动袜、花式袜子以及穆克拉克靴或工装靴（表 7-1）。

夏季以外穿衬衫和 Polo 衫为主。外穿衬衫是内穿衬衫外化的单品设计，在面料、图案、结构和制作工艺上都根据夏季户外事项而设计成为一个独立的户外服品种，因此，不提倡系领带也没有提供领带组合的条件。它的适用范围较为广泛，可用于公务、商务非正式场合或休闲场合中。外穿衬衫之所以受到极力提倡与现代低碳生活的理念分不开，而造就出可以取代夏季休闲西装的休闲衬衫单品。其主要配服配饰为：休闲裤多用于公务、商务非正式场合和私人访问，牛仔裤或船员裤更为适合周末休闲度假，而作业背带裤多用于园艺的私人社交。贴身背心是其必备的内衣，主要是因为外穿衬衫的面料多为粗糙的牛津布、粗斜纹棉布，与贴身背心组合穿用是合理的。鞋子可选用黑色便鞋，但在周末休闲度假时又可选择运动鞋、篮球鞋和平底凉鞋等（图 7-31、表 7-2）。

Polo 衫是夏季 T 恤的一种经典款式，带有前开襟领子的套头 T 恤可以说是非正式公务、商务的最低选择。它出身于运动衫，穿着透气性好、方便舒适，当然成为夏季户外休闲的理想制品。由于职场休闲化的大趋势，T 恤也成为夏季非正式公务、商务的必备单品，主要搭配休闲裤、牛仔裤、便鞋用于非正式访问、会见、会议及私人访问等。搭配规则可参照外穿衬衫，但整体上要比外穿衬衫的职场取向要低。在周末休闲度假场合与牛仔裤搭配是经典，根据休闲气氛还可与休闲裤、船员裤、步行短裤、网球短裤搭配。阿波罗帽与 Polo 衫组合构

①、② 格子外穿衬衫与牛仔裤搭配为运动休闲组合　　　⑤ 白色外穿衬衫与牛仔裤搭配为休闲组合

③、④ 外穿衬衫与卡其裤搭配为休闲组合　　　　　⑥ 虽是内穿衬衫系领带但与板球毛衫、白卡其裤搭配为英式的休闲组合

图 7-31　外穿衬衫是夏季休闲职场最佳选择

成很美国化的品味，也传递了颇具冒险精神、创新风尚和新古典主义的时尚绅士形象（ 表7-3 ）。

（二）升级配置

公务和商务人士的户外服升级配置是在基本配置的基础上作进一步的延伸。随着当今人们户外休闲娱乐时间的增多，各种各样的专业类服装不仅使人们对休闲生活充满了兴趣，更为重要的是经典户外服所具有的强大功能性所蕴含的务实精神，使拥有者呈现出对它们无法抵抗的职场魅力，因为他（ 她 ）们要想成为成功人士，还需要有更出色和多元的职场表现。

防寒服加上巴布尔夹克是美国合理主义与英国绅士风度作为秋冬季户外服升级配置的完美组合。一般认为职场的初级配置用美国化的防寒服为主服更为经济，其实这是不够明智的，因为初入职场的第一印象更重要，英国化的风格是社交形象最保险的选择，这也是职场的潜规则，权衡一下付出多一点的成本选择巴布尔夹克会对职场形象加分不少，何况

表7-1　春、秋、冬季巴布尔夹克的黄金组合与搭配方案

服装搭配 适用场合 / 服装礼仪级别	主服 Barbour coat 黑色、深绿色为标准色	配 休闲裤 (Chinos trousers)	牛仔裤 (Five pockets jeans)	厩员裤 (Cargo pants)	服 板球衫 (Cricket sweater)	卡蒂冈式开襟毛衫 (Cardigan sweater)	军队羊毛衫 (Army sweater)	花式衬衫 (Patterned shirt)	配 粗花呢帽 (Tweed helmet)	渔夫风帽 (Watch cap)	猎鹿帽 (Deerstalker)	阿波罗帽 (Apollo cap)	便鞋 (Loafer)	饰 运动鞋 (Sports shoes)	静克岔皮鞋 (Noblink)	工装靴 (Working boots)	篮球鞋 (Basket shoes)	橡胶高筒雨靴 (Rubber boots)
公务（商务）非正式场合（全天候）休闲星期五	▲	▲	△	△	▲	△	△	▲	▲	△	△	△	▲		△			
工作访问	▲	▲	△	△	▲	△	△	△	▲	△	△	△	▲		△			
非正式访问	▲	▲	△	△	▲	△	△	△	▲	△	△	△	▲		△			
非正式会见	▲	▲	△	△	▲	△	△	△	▲			△	▲					
非正式会议	▲	▲	△	△	▲	△	△	△	▲	△	△	△	▲					
非公务休闲场合 私人访问	▲	▲	△	△	▲	△	△	△	▲			△	▲		△			
周末休闲度假	▲	▲	△	▲	▲	△	▲	▲	▲			△	▲	△	△	▲	△	△

注：巴布尔夹克多采用表层涂蜡的货及长绒格制作。
▲ 黄金组合　△ 得体组合（可选择）　空白格有两种可能：一种为适当（不建议），一种为禁忌。

表7-2　夏季外穿衬衫的黄金组合与搭配方案

服装礼仪级别 / 适用场合	主服	配服								配饰							
	蓝色、卡其色为标准色 (CPO shirt)	休闲裤 (Chinos trousers)	牛仔裤 (Five pockets jeans)	船员裤 (Cargo pants)	作业背带裤 (Overalls)	步行短裤 (Walking shorts)	网球短裤 (Tennis shorts)	夹式殖民裤 (Colonial shorts)	贴身背心 (Tank top)	阿波罗帽 (Apollo cap)	小旅帽 (Trucker's cap)	遮阳帽 (Sun visor)	便鞋 (Loafer)	运动鞋 (Sports shoes)	篮球鞋 (Basket shoes)	平底皮凉鞋 (huarache)	及膝橡胶靴 (Hip boots)
公务（商务）非正式场合（全天候）— 休闲星期五	▲	▲	△	△					▲	△			▲	△			
公务（商务）非正式场合（全天候）— 工作访问	△	△	△						△				△				
公务（商务）非正式场合（全天候）— 非正式访问	▲	▲	△						▲				▲				
公务（商务）非正式场合（全天候）— 非正式会见	▲	▲	△						▲				▲				
公务（商务）非正式场合（全天候）— 非正式会议	△	△	△						△				△				
非公务休闲场合 — 私人访问	▲	▲	△	△					▲				△				
非公务休闲场合 — 周末休闲度假	▲	△	▲	△	▲	△	△	△	▲	▲	△	△	▲	△	△	△	△

注:外穿衬衫多采用牛津棉、粗斜纹棉布和条格棉布来创作。▲黄金组合　△得体组合（可选择项）空白格有两种可能:一种为适当(不建议)、一种为禁忌。

表7-3 夏季Polo衫的黄金组合与搭配方案

服装礼仪级别 / 适用场合	主服 白色为标准色	休闲裤 (Chinos trousers)	牛仔裤 (Five pockets jeans)	船员裤 (Cargo pants)	作业背带裤 (Overalls)	步行短裤 (Walking shorts)	网球短裤 (Tennis shorts)	美式肥短裤 (Colonial shorts)	阿波罗帽 (Apollo cap)	小贩帽 (Trucker's cap)	遮阳帽 (Sun visor)	便鞋 (Loafer)	运动鞋 (Sports shoes)	篮球鞋 (Basket shoes)	平底皮鞋 (huarache)	及膝橡胶靴 (Hip boots)
公务(商务)非正式场合(全天候) 休闲星期五		△	△						△			△				
工作访问		△	△									△				
非正式访问	△	▲	△									△				
非正式会见	△	▲	△									△				
非正式会议	△	△	△									△				
非公务休闲场合 私人访问	▲	△	▲						▲	△	△	▲				
周末休闲度假	▲	▲	▲	▲	▲	▲	▲	▲	▲	△	△	▲	△	△	△	△

注:▲黄金组合 △得体组合(可选择项) 空白格有两种可能:一种为适当(不建议)、一种为禁忌。

巴布尔夹克在一般品牌中十分普及，价位也并不比防寒服高，重要的是能否正确地识别和驾驭它，尽早的实施则是培养成功职场形象的战略。即使进入升级配置，在重要的场合也要以此作为首选。包括国际化或有重要人士参加的公务、商务非正式场合、休闲星期五和公务休闲场合中的私人访问、周末休闲度假等。在搭配选择上也有技巧，休闲裤配合巴布尔夹克适合非正式的公务、商务、休闲星期五和私人访问，而牛仔裤配合防寒服更适合周末休闲度假，前者有浓厚的英国格调，后者呈现冒险的美国风格，这会使个人职场格调丰满起来（图7-32、表7-4）。

①、②以羽绒服为主的搭配更具美国文化的职场风格

　　升级配置加入斯特嘉姆夹克暗示对运动精神的崇尚，这可以说是成功公务员和商务人士更完满的诠释，因为，体育是品位休闲生活的核心部分，另一种暗示，每周有一定的体育运动，表明公务和商务也是一种人性化的生活体验。它与休闲裤搭配可适用于休闲星期五和私人访问，与牛仔裤搭配适用于周末休闲度假。板球毛衫是所有羊毛衫里面礼仪级别最高的，既具有保暖功能又适合穿衬衫扎领带，是户外休闲较正式的选择，当然根据氛围和风格取向也可选择

③、④保留更多传统元素的防寒服组合，如圆领毛衫、苏格兰格子、达夫尔牛角扣等具英国文化的职场风格

图7-32　防寒服搭配方案的美国文化和英伦风格

卡蒂岗式开襟毛衫、军队羊毛衫和花式衬衫。粗花呢帽仍然是非公务、商务休闲场合里的经典元素。黑色便鞋在这里就显得较为正式，适用于休闲星期五和私人访问，而周末休闲度假的选择范围更大，包括运动鞋、工装靴和篮球鞋，鞋子的选择要配合裤子的选择，保持风格、色调的协调统一。不过要了解它们职场的价值取向，例如选择英国传统的配服与美国的风格不同；杂糅组合与纯粹组合也不同，斯特嘉姆则更具美国化。总之英国格调总是代表着怀旧和传统；美国风格总是代表着创新和前卫（表7-5）。

　　加入钓鱼背心完全是一种职业化升级，表面上是外出钓鱼、旅游，但事实上是表达成功人士品味休闲生活的多元性和精致、忍耐、理性的生活品质（表7-6）。

　　加入白兰度夹克可以说是激进白领的升级版，与牛仔裤、军队羊毛衫和休闲鞋搭配，这些具有历史感的经典组合，不会产生街头青年的印象，反而表达了理性的叛逆和创新精神。可见职场形象不是不需要创新，而是贵在创新路线的理性、有序，创新依据的真实、可靠、权威。做足有关户外服升级版的功课正是这种职业创新的美好体验（表7-7）。

表7-4 防寒服的黄金组合与搭配方案

适用场合 / 服装礼仪级别	主服 防寒服（茄色、红色为标准色）	休闲裤 (Chino trousers)	牛仔裤 (Five pockets jeans)	船员裤 (Cargo pants)	板球衫 (Cricket sweater)	卡普阿式开襟毛衫 (Cardigan sweater)	军队羊毛衫 (Army sweater)	花式衬衫 (Patterned shirt)	粗花呢帽 (Tweed helmet)	值班风帽 (Watch cap)	猎鹿帽 (Deerstalker)	阿波罗帽 (Apollo cap)	便鞋 (Loafer)	运动鞋 (Sports shoes)	摩克森皮鞋 (Mukluk)	工装靴 (Working boots)	篮球鞋 (Basket shoes)	橡胶雨靴雪靴 (Rubber boots)
公务（商务）场合 休闲星期五	▲	▲	△	△	▲	△	△	△	△	△		△	▲		△	△	△	
工作访问	△	△	△		△	△	△	△							△			
非正式场合（全天候）	△	△	△		△	△	△	△					△		△			
非正式会见	△	△	△		△	△	△	△							△			
非正式会议	△	△	△		▲	△	△	△					△		△			
非公务闲场合 私人访问	▲	▲	△	△	▲	△	△	△	△	▲	△	△	▲		△	△	△	
周末休闲度假	▲	△	▲	△	△	▲	△	△	△	▲		△	▲	△	△	△	△	

注：防寒服多采用防水尼龙面料 ▲黄金组合 △得体组合（可选择项）空白格有两种可能：一种为适当（不建议）一种为禁忌

表7-6　钓鱼背心的黄金组合与搭配方案

服装礼仪级别 / 适用场合	主服 钓鱼背心 （Fishing vest） 土黄色为标准色	休闲裤 （Chinos trousers）	牛仔裤 （Five pockets jeans）	船员裤 （Cargo pants）	作业背带 （Overall）	步行短裤 （Walking shorts）	网球短裤 （Tennis shorts）	美式军短裤 （Colonial shorts）	运动背心 （Tank top）	花式衬衫 （Patterned shirt）	Polo衫 （Polo shirt）	T恤 （T shirt）	阿波罗帽 （Apollo cap）	小帽檐 （Trucker's cap）	遮阳帽 （Sun visor）	便鞋 （Loafer）	运动鞋 （Sports shoes）	篮球鞋 （Basket shoes）	平底皮凉鞋 （huarache）	及膝橡胶靴 （Hip boots）
公务（商务）非正式场合（全天候）　休闲星期五	△		△																	
工作访问																				
非正式访问	△	△	△							△	△	△				△				
非正式会见	△	△	△							△	△	△				△				
非正式会议	△	△	△							△	△	△				△				
非公务休闲度假场合　私人访问	△	△	△	△	△	△	△	△	△	△	△	△	△	△	△	△	△	△		△
周末休闲度假	▲	△	▲	△	△	△	△	△	△	△	▲	▲	▲	△	△	▲	△	△	▲ 钓鱼专用	

注：▲ 黄金组合　△ 得体组合（可选择项）　空白格有两种可能：一种为适当（不建议），一种为禁忌

表7-5　斯特嘉姆夹克的黄金组合与搭配方案

服装搭配 适用场合	主服	配			服				饰				配	饰				
	夹身和袖子采用不同韵颜色	休闲裤 (Chino trousers)	牛仔裤 (Five pockets Jeans)	船员裤 (Cargo pants)	板球衫 (Cricket sweater)	卡蒂冈式开襟毛衫 (Cardigan sweater)	军队羊毛衫 (Army sweater)	花式衬衫 (Patterned shirt)	粗花呢帽 (Tweed helmet)	低班风帽 (Watch cap)	猎鹿帽 (Deerstalker cap)	阿波罗帽 (Apollo cap)	便鞋 (Loafer)	运动鞋 (Sports shoes)	摩克辛冗靴 (Mukluk)	工装靴 (Working boots)	篮球鞋 (Basket shoes)	橡胶高筒套靴 (Rubber boots)
公务（商务）非正式场合（全天候）　休闲星期五	▲	▲	△		▲	▲	▲	▲					▲					
工作访问	△	△	△		△	△	△	▲					△					
非正式访问																		
非正式会见																		
非正式会议																		
非公务休闲场合　私人访问	▲	△	▲		▲	△	△	△	▲	△		△	▲					
周末休闲度假	▲	△	▲	△	▲	△	△	△	▲	△		△	▲	△	△	△	△	△

注：▲ 黄金组合　△ 得体组合（可选择项）　空白格有两种可能：一种为适当（不建议）　一种为禁忌

表7-7　摩托夹克的黄金组合与搭配方案

服装搭配 / 服装礼仪级别 / 适用场合	主服 黑色为标准色	休闲裤 (Chinos trousers)	牛仔裤 (Five pockets jeans)	船员裤 (Cargo pants)	板球衫 (Cricket sweater)	卡布阿式开襟毛衣 (Cardigan sweater)	军队羊毛衫 (Army sweater)	花式衬衫 (Patterned shirt)	粗花呢帽 (Tweed helmet)	侦察风帽 (Watch cap)	猎鹿帽 (Deerstalker)	阿波罗帽 (Apollo cap)	便鞋 (Loafer)	运动鞋 (Sports shoes)	事克放克靴 (Wukluk)	工装靴 (Working boots)	篮球鞋 (Basket shoes)	橡胶高筒套靴 (Rubber boots)
公务（商务）场合（全天候）　休闲星期五	△	△	△		△	△	△	△										
工作访问	△	△	△		△	△	△	△				△			△	△		
正式访问																		
非正式访问																		
非正式会见																		
非正式会议																		
非公务休闲场合　私人访问	▲	△	▲		▲	△	△	△	▲	△		△	▲		△	△	△	
周末休闲度假	▲	△	▲	▲	△	△	△	△	▲	△	△	△	▲	△	△	△	△	

注：▲黄金组合　△得体组合（可选择项）空白格有两种可能：一种为适当（不建议）一种为禁忌

训练题

1. 为什么说"户外服更多的考虑对方的感受是社交的妥协艺术"？"该出手时就出手"需要掌握户外服怎样的知识和社交技巧？

2. 如何理解户外服元素功能与经典之间的关系？"厚重感"和"轻盈感"的内涵是什么？

3. 为什么说巴布尔夹克是成功人士最不能被忽视的户外服？职场取向如何？

4. 巴布尔夹克构成的标志性元素是什么？与仿制的奢侈品牌、大众品牌存在哪些关键工艺上的不同？

5. 利发尔夹克的造型特点与职场的风格暗示如何？

6. 瑟法里夹克的造型特点与职场的风格暗示如何？

7. 摩托夹克标志性的造型元素暗示什么？

8. 摩托夹克成为职场创新派白领选择（户外服）的重要依据是什么？

9. 斯特嘉姆夹克标志性的造型元素是什么？它有怎样的职场取向？

10. 经典力维斯牛仔裤标志性的造型元素是什么？

11. 作为公务、商务人士是否可以不分场合穿着牛仔裤？它的职场取向如何？

12. 哪些是品质 T 恤最值得怀疑的地方？在休闲职场中 T 恤和外穿衬衫怎样细分？

13. 政要、工商界精英为什么不拒绝钓鱼背心？选择它的关键是什么？

14. 用休闲背心调节职场气氛有什么技巧？

15. 休闲裤常用的面料有牛仔布、法兰绒、马裤呢、花呢、灯芯绒和华达呢（斜纹）等，请按职场取向的高低排列。

16. 举例说明它们怎样的搭配用于休闲社交，如休闲星期五？怎样的搭配可以用于正式的公务或商务场合，如常态工作、出访等场合。

17. 羊毛衫的三种造型是什么？冬季休闲三杰指哪三杰？

18. 品味休闲社交的户外服基本配置，春、秋、冬季分别以哪种服装为核心规划？夏季以哪种服装为核心组合？休闲基本配置为什么首选巴布尔夹克，不选其他品种？

19. 户外服升级配置在基本配置上加入哪些服装？且各有怎样职场取向？

20. 户外服中，斯特嘉姆夹克、水手夹克、利发儿夹克、瑟法里夹克、巴布尔夹克、白兰度夹克、卡其裤、Polo 衫（T 恤）、防寒服、钓鱼背心、牛仔裤、外穿衬衫，从这些服装中划分出偏重美国文化和偏重英国文化的两个组别。

21. 从下列组合中指出英国和美国文化杂糅的户外服搭配方案：①格子外穿衬衫和牛仔裤；② Polo 衫和牛仔裤；③巴布尔夹克和卡其裤；④瑟法里夹克和卡其裤；⑤斯特嘉姆夹克和牛仔裤；⑥利发尔夹克和牛仔裤。

│ 第八章 │

职业女装的社交智慧和技巧

公务员作为政府的形象代言人，工商业的翘楚作为白领精英，在整个社会中属于知识型的职场主流群体。因此，他们如何通过着装来表现自己的修养往往是令人头疼的事情，他们不愿在这上花时间，是因为在他们看来比它更有意义的事情还有很多，何况也不知道通过什么渠道和技巧来合理着装。他们基本是功利主义的，要么一掷千金选择高端时尚品牌以体现自己的身份和地位，要么选择我行我素，被孤立的危险始终伴随着他们。女人则不同，她们舍得花时间且练就了如何用最少的投资来打造自己衣橱的本领，并乐此不疲地追随流行时尚的浪潮。然而，事实是成功者寥寥，总体上看我国大陆职业女性与欧美、日、韩和我国港澳台地区还有较大距离，公务员着装更加突出。男装有一套"THE DRESS CODE"规则，女装则没有，其实差距就在于我们不知道女装的职场品位也是从这个"规则"中学习来的。由此可见在职场打拼的女性也要在自身的意识中做好 THE DRESS CODE 的功课，创造性地运用它们才是明智有效的。这些建议并不是空穴来风而是职业妇女争取女权一百多年来着装实践中总结出来的理论和成功经验。

一、历史、规则、细节学习 "THE DRESS CODE" 的三个途径

如何系统地学习"THE DRESS CODE"知识，首先要了解每件经典服装、配服及配饰的历史渊源，款式结构及在现代职场中所发生的变化。要说捷径就是先从男装的这个知识系统中的每个经典类型开始，例如巴布尔夹克，通过前面的分析，我们已经了解到它来源于 19 世纪的浸蜡夹克，适用于户外休闲场合，因被王室授权生产许可证，成为专门制作王室成员的巴布尔夹克而奠定了户外服为数不多的贵族身份。这为社交界传递了一个重要信息，它不仅具有精良的设计、独一无二的工艺，而且得到了英国王室的钦定而注入皇族血统的经历，使其成为上流社会难以抗拒的高贵示范。然而我们对它的第一感受往往是"破旧"，这也是在职场被一般人放弃的原因，真正意识它的价值的，也就真正理解了夏奈尔"流行稍纵即逝，风格永存"的真谛，因为，这种"破旧"在他们看来简直就是传承有序的古董仓浆。如果在公务、商务非正式场合或公务休闲场合，发现一件破旧的巴布尔上衣搭配 501 牛仔裤，一双棕色的甲板鞋（皮便鞋），那他一定有不凡的身份背景。现今巴布尔已不限于使用浸蜡工艺手段加工，采用新面料、多种色系打造的时尚巴布尔越来越受到成功人士的青睐，关键是人们看重的还是它的历史和高贵的血统。英国查尔斯王子夫人卡米拉穿着巴布尔的形象都是因为它所具有的特别密码和懂得这些密码的人的对话而产生的一种特别感觉，并且它的一切元素都是从男装照搬过来的，重要的是，是不是在恰当的时间、恰当的地点和恰当的场合（TPO）自然而然的流露，这确实是一种境界（图 8-1）。

图 8-1　英查尔斯王子夫人卡米拉穿着地道的巴布尔夹克，不懂得其着装密码会作出"拾荒者"的误判

其次，掌握经典款式及其配服、配饰的搭配规则和技巧。经典服装总是要有约定俗成的经典配服、配饰，如果搭配出错，再经典、昂贵的服装都会给人一种缺乏着装修养的印象。比如 2008 北京奥运会的刘欢黑色圆领衫与莎拉白色晚装的强烈反差，使其之后的公众形象全线下降。

再次，要注意研究经典着装的每一个细节，越是经典的服装越是体现在对细节的精益求精。"细节决定成败"不要误读成只要认真细致就会成功，重要的是需要知道"认真的地方"，要理智地把握"THE DRESS CODE"的基本准则，不要犯"把无知当风格"的错误。从西服套装上驳领角上的扣眼信息便能看出一个人的着装修养，一方面扣眼的位置要准确，另一方面要符合习惯，包括它的数量、大小是否符合历史传承的信息。就男装而言，西服套装必须开在左驳领角上，女士西服套装则开在右驳领角，这是因为它是根据男女不同搭

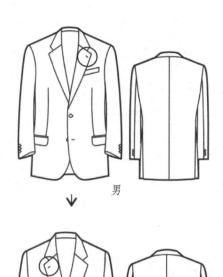

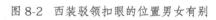

图 8-2　西装驳领扣眼的位置男女有别

门方位而定的，男装是左襟搭右襟故扣眼要锁在左襟驳领上，女装则相反（图 8-2）。如果它像门襟上的扣眼一样是剪开的，可以判断袖口的扣眼也是真的，则说明这属于定制服装，以凸显手工品质。可见，对细节的识别，不仅可以对人的职场形象作出判断，还可以准确无误地认识什么是地道的奢侈品牌，什么是大众品牌。依据这样一个思路，就可以将"THE DRESS CODE"中适合女装的经典类型，包括 Suit、Blazer、Jacket 的西装系统，柴斯特、波鲁、巴尔玛肯、堑壕风衣、达夫尔的外套系统，巴布尔、水手夹克、瑟法里夹克、白兰度夹克、斯特嘉姆夹克、牛仔裤、休闲衬衫、T 恤衫等户外服系统，通过丰富搭门（男装只可左搭右，女装为右搭左）、衣长、收腰等更加多元的女装造型手段，完成女装化设计，这既是高端品牌开发的秘笈，也是职业女性规划品位衣橱的技巧（图 8-3~ 图 8-5）。那么如何规划既符合职场要求（男权规律）又能表现女性特质的着装形象？在规则前提下强调"多元表达"是有效的方法。以 Suit 为例，作为男装就是相同颜色相同材质搭配的西服套装，作为女装就变成了多元搭配的职业套装了，并形成一整套独特的搭配规范被维系着：西装上衣相对不变，配连衣裙时为本色型，也作小礼服；配半截裙和衬衣时为中性；配裤子和衬衣时为职业型有男性化暗示。它们虽然没有职场等级的暗示，但风格趣味比男装有更大的表现空间（图 8-6）。诚然，对"THE DRESS CODE"的学习和掌握是成功职业女性提高着装修养的必需和有效途径。

二、现代职业女装的有力推手

从世界服装发展史来看，推动服装进步的多种因素包括生产力水平、社会关系、宗教信仰、艺术等。服装流行的产生也是受这些因素影响，生产力水平决定了服装发展水平，现代服装与古代服装相比，其面料舒适性、实用性等各方面都有着巨大进步，服装功能的完善使其变得更为科学、结构合理、使用方便。这会促进社会民主、文明的进程，主要表现在社会关系的和谐，宗教信仰的自由，艺术的多元化。服装作为人的标志物也就越自由和多元，男女服装差异会变小，反之，则越保守，男女服装差异就越大。可见，代表生产力水平的"真"决定着社会关系和宗教信仰的"善"和艺术中"美"的理性和成熟，相反善和美又对其生产力具有反作用，使这种生产力（真）赋予了社会性和艺术性。"真"使男女装走到了一起，"美"和"善"又使男女装分道扬镳，而男权社会的现实使男装的"真"对女装具有主导性，这就是认知女装的理性逻辑与普世规律。

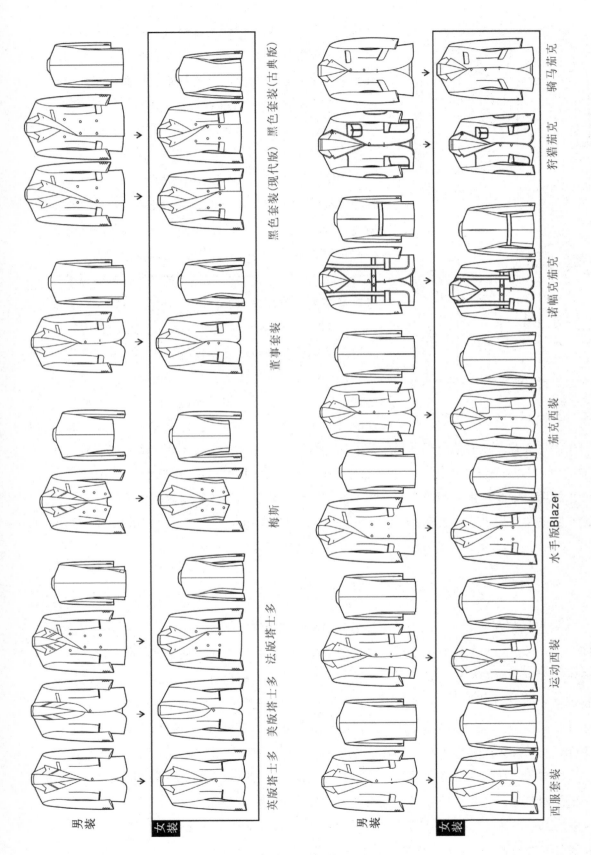

男装
女装
英版塔士多 美版塔士多 法版塔士多 梅斯 董事套装 黑色套装(现代版) 黑色套装(古典版)

男装
女装
西服套装 运动西装 水手版Blazer 茄克西装 诺幅克茄克 狩猎茄克 骑马茄克

图 8-3 西装从男装过渡到女装的造型改变

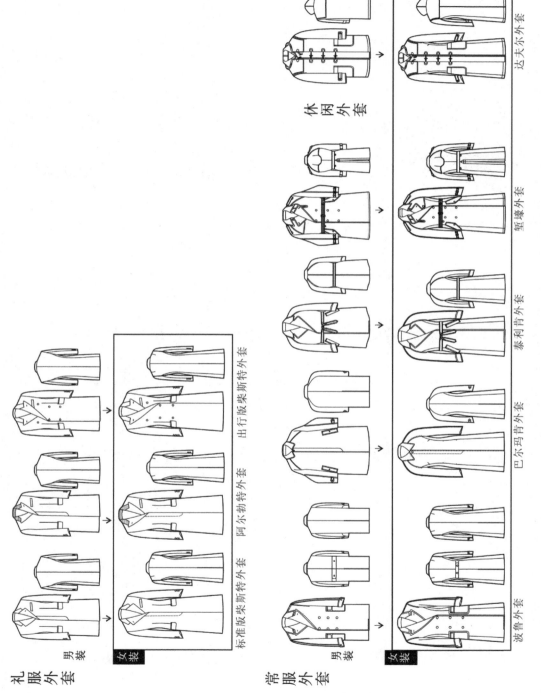

礼服外套　男装　标准版柴斯特外套　阿尔勃特外套　出行版柴斯特外套　女装

常服外套　男装　波鲁外套　巴尔玛肯外套　泰利肯外套　堑壕外套　休闲外套　达夫尔外套　女装

图 8-4　外套从男装过渡到女装的造型改变

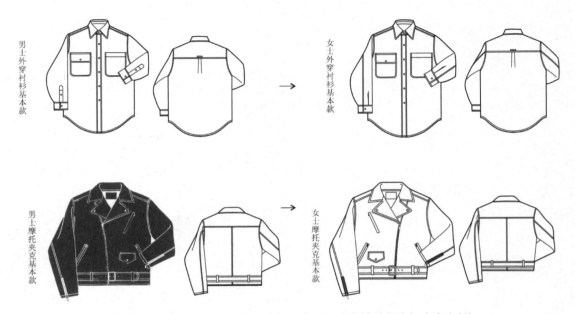

男士外穿衬衫基本款 → 女士外穿衬衫基本款

男士摩托夹克基本款 → 女士摩托夹克基本款

图 8-5　户外服从男装过渡到女装的造型改变（以外穿衬衫和摩托夹克为例）

本色型　　　　　　中间型　　　　　　职业型

图 8-6　职业女装在规则前提下采用"多元表达"的职业装基本样貌

图 8-7 中世纪"两部式"服装的组合

从欧洲男装的发展史来看，在中世纪末期的哥特时代（13～15世纪），男装上出现了上下装分置的"两部式"结构，即"达布里特"（Doublet）和"霍兹"（Hose）的组合，这预示着人性解放的开始，而迎来了影响人类文明进程的文艺复兴（图8-7）。在这之前，欧洲男女装是同形的套头式长袍，没有性别的区分，这从一个侧面反映了当时生产力的落后、社会关系的闭塞与保守，这必然反映了当时服装表现的单一性，而成为黑暗中世纪的一个缩影。"两部式"服装的出现使社会分工摆脱粗放型格局，在艺术上服装有更多的表现机会。13～18世纪是男装款式最为丰富、装饰最为华丽的时代。幸运的是，18～19世纪的法国大革命和英国工业革命从生产力和社会关系两个方面推动了男装从强调装饰性向追求功能性本质化发展，开始了男装的现代化进程。直到第二次世界大战结束，由于资源极度缺乏，使功能成为决定一切的要素，包豪斯运动也是在这个背景下诞生的，而奠定了现代设计的基石。此后，男装社会性与功能性的结合才逐渐完善，最终完成了男装的现代化进程，至今高雅的男士服装就定格在第二次世界大战后形成的这种格局，这是服装史理性与科学的胜利。因此形成了今天"如何判断真绅士，看他是否有第二次世界大战时的味道"这样的社交判断准则。

女装的现代化进程必须在男装完成之后，这主要是由女性的社会关系和性别特征所决定的，即"男主外女主内"这种传统普世观念。争取与男性社会平等的女权运动是标志性的，第二次世界大战是女装现代化进程的转折点，因为它既符合社会发展的需求又是女性的愿望。战前女性服装的装饰性与13～18世纪的男装一样达到了极端，女装在这之后基本是停滞的，这与男装工业革命之后形成的简约性、功能性形成了鲜明的对比。战后大量男性劳动力的丧失使得女性有机会参与到了社会生产的各个领域，但服装的变革准备不足，其上下一体（连衣裙）、过度装饰的服装不能适应生产劳动和办公室的社会职业，只能向以功能完备为标志的成熟男装借鉴，采用简洁、大方、活动方便的套装形式成为必然。这种借鉴不是全盘接受而是根据女性性别特点采用了套裙的形制，这一形制在英国男装的苏格兰风格中还坚守着，可以说是人类远古着装的活化石（图8-8）。第二次世界大战后更为广泛地借鉴男装，当这种形制成为职业女性主导时，套裙这种古老的形式就完全退出了男装的视线。成就这种时代知识女性的伟大设计师就是夏奈尔，因此在现代社交中穿夏奈尔套装几乎成为高雅、品位、成功、知识女性的文化符号（图8-9），特别是裤子也成为职业女性的必备品时可以说这是职业女装的一个伟大创举，其倡导者就是夏奈尔的后继者伊夫·圣洛朗首次将裤子引入女装（图8-10），以至到今天几乎所有服装原型都是从男装采用了拿来主义，完成了职业女装现代化进程。从某种意义上讲，女装的现代化就是职业化，而职业化的进程中"THE DRESS CODE"起到了推手作用。

诚然，女装的现代化进程是建立在学习和模仿男装"THE DRESS CODE"基础之上的。公务和商务职业女性衣橱的规划也必然以男士衣橱的规划为参照，从礼服、常服、户外服到外套四大类进行分析、研究是明智而有效的。但又要从款式、色彩、面料、结构等细节上打破已经稳定、成熟的男装定式，而应结合女性性格、体形特点、时尚元素和职业背景进行综合考察。

图 8-8 男装中仍保留套裙形制的苏格兰民族服装（查尔斯王子和卡米拉）

图 8-9 夏奈尔套装成为现代知识女性的标签

图 8-10 伊夫·圣洛朗1970 年设计的上衣和裤子组合的圣洛朗套装

三、无法而法

"无法而法"是指摆脱法则的法则，显然不是不要规则，而是创造性地运用规则实现从必然王国到自由王国的境界。男装境界虽然也追求"无法而法"，但它的归宿必须是"有法必依"，也就是说男性着装是保守性的，职业女装是通过学习男装的"法"为前提，而又设法打破这个"法"，达到"有法可依，又可不依"的境界，两者是一对矛盾的辩证统一体。这个法就是"THE DRESS CODE"，那么无法而法就是吃透"THE DRESS CODE"的目的是摆脱它。

以日常工作场合中的西服套装为例，男士要想穿出优雅，就必须按照规范样式和搭配来控制着装范围。单排两粒扣、平驳领、有袋盖的嵌线口袋，标准色为鼠灰色，搭配领带、白衬衫、黑色袜子和黑色牛津鞋，是它的黄金组合也是最保险的搭配。而女性着装如果照单全收不仅不会产生黄金组合的感觉，反而有"假男人"的倾向，作为职业女性在职场中呈现这种形象是很糟糕的，因此就必须摆脱这个樊篱的束缚，方法是模糊 Suit 的边界且扩大范围，从整体上来说，既可选择类似男性的西服套装，又可选择西服套裙，还可以选择连衣裙与西服上衣组合的调和套装，这中间已经完全摆脱了男装番制的束缚，但也没有脱离女性职业套装的基本样貌。在细节上也同样可以创造性地运用这种"规制"，即使在选择男性西服套装的形制下，款式的选择也很自由，设计元素既可在常服系统中选择，也可在外套、衬衫、户外服等系统中选择合适的元素以借鉴到套装设计中而有所突破。元素边界可以辐射到全类型，只要简洁、大方、符合身份即是得体的。其中与男装最大的不同就是上衣门襟是右搭左，女士衬衫的领子即可以放到外衣的里面又可以放到外面；丝巾比领带更有女人味；色彩上的变化更为丰富，几乎任何颜色都适用（图 8–11）。对文化的承载考验着修养与充满着智慧。美国国务卿希拉里 2010 年出席东盟区域论坛时穿着西服套装，其口袋的细节设计借鉴了猎装夹克，领型采用外套的巴尔玛领，色彩采用纯度较高的湖蓝色，这些在男性西服套装中完全不可能有的元素，却在女装中大显身手同样表现出气质优雅且风格亮丽，是因为每个细节都有其可靠的出处，加之绿松石首饰的点睛之笔足见希拉里修养之深厚，也是无法而法最显智慧的女装典范。无法而法所释放的美学取向，应验了"真"（科学）使男女装走到一起，"善"（伦理）和"美"（创新）又使他（她）们分离的时尚智慧。

① 选择男性化的职业套装，通过衬衫跳跃的细节设计会有升华　② 选择套裙组合是典型职业化表现　③ 在套装中职业女性比男性表达个性的机会更好，空间更大

图 8-11　摆脱男性西服套装樊篱的职业西服套装搭配案例

　　尽管女性着装的随意性很大，仍然要警惕我行我素的情绪化心态，这也是职业女性的大忌，解决的办法就是要按照 THE DRESS CODE 的框架建设自律性着装习惯。随着女士参与社会事务的日益普遍，这种自律性习惯往往是以摆脱男装为前提而建立符合职场要求的女装"灵格风"。这种很女人的格式化服装同样能给人平等、亲切的感觉，增加女性的包容性和亲和力。例如职场中同样采用男装惯常的深蓝色，但用连衣裙强化"适度性感"向好指数会大大提升，会凸显女性职场魅力。适度性感就是女性社交自律的理性表达，选择连衣裙这种样式元素是可取的，因为连衣裙是女装所独有的，但要根据场合控制暴露的

程度，职场与晚宴相对社交主题不同，颈和肩暴露适度，裙长不能太短也不能太长，应控制在膝盖以下 10cm 左右，材质选择较为朴素的棉、麻、丝绸和雪纺绸等，配饰避免夸张，以感觉适合日常工作环境。一个很值得解读的社交案例，美国、法国和德国的首脑和他（她）们的夫人和丈夫意外聚首，德国总理默克尔则表现得过于"遵纪守法"，而美国总统奥巴马和法国总统萨科齐的两位夫人更好地诠释了"无法而法"的精神。如果把默克尔总理败北归咎于年龄的话，也不具充分的理据，因为她与同年龄的希拉里国务卿相比，后者的着装感觉可圈可点，而且希拉里自身条件并不理想，因为她无论在任何公务场合从不以裙子示人，但职场形象却有增无减，这是很值得研究的（图 8-12、图 8-13）。

猎装夹克

图 8-12　2010 年希拉里出席东盟区域论坛时的夹克套　　图 8-13　女士职场中的"遵纪守法"和"无法而法"
　　　　　装巧妙地诠释了男人猎装夹克的"进攻语言"

四、逆向思维

如果说"无法而法"是女性着装智慧的话，逆向思维则是女性着装实践的基本方式。从职场的社交性而言，"无法而法"是男女装追求统一的策略，那么逆向思维就是男女装强调自性的变化与自我意识的手段。这种情形在社交的正式场合中更加突出，男装基本上属于黑白灰的单一色彩世界，女装则是色彩斑斓的多彩世界；男装体现出刚毅的性格，女装表现出女性温柔的一面，由此造就了既规范又争艳的多元社交秩序，但这一切都是相对"THE DRESS CODE"而言的（图 8-14）。

就晚礼服而言，燕尾服几乎把男士们包裹的不露一丝皮肤走向了封闭的极端，而女士的晚礼服裙正好相反，前胸和后背的大开领使暴露接近了极限。这既是风格的博弈又是人性的吸引，但他（她）们都有不可抗拒的魅力，这种格局从古代到现代从未改变（图 8-15）。

逆向思维也是职业女性普遍的社交价值判断。男装强调功用务实而趋向简洁规整，达到了添之不得去之不得的境地是对成功男士的一种职场考验。女装则不拒绝装饰，但要装饰得优雅而恰到好处。在色彩上男装的单一色系提醒女装此路不通，因为简约到了极致必须走向丰富和华丽。在着装风格上，男装的私守必然使女装走向开放。可见，女士的服装越接近男装就越男人化，会丧失其自身的特质。女装追求男性化不要理解成男装化，而恰恰相反，它是采用"他山之石可以攻玉"的智慧。离开男装越远则越女性化，但不要陷入柔弱的泥潭，这仍然是职业女性要警惕的。

① 绅士整齐划一的晨礼服和女士争奇斗艳的礼服博弈在阿斯科特赛马会上年年上演

② 这种规则在历届的诺贝尔颁奖典礼上，无论是什么种族、什么政见、什么文化背景，男人的坚守、女人的变化都意味着接纳

图 8-14 "THE DRESS CODE"多元社交秩序意味着坚守和变化共存

①现代的燕尾服

②、③ 20 世纪 20 年代的燕尾服直到 100 年后的今天没有改变，可见"坚守"从不缺少魅力，但它一定发生在男人身上；而发生在女人身上的魅力就是打破这种"坚守"，重要的是对坚守有足够的认识

图 8-15 逆向思维的魅力既是 风格的博弈又是人性的吸引

五、最不能犯的社交禁忌

尽管女装搭配随意，但作为职业女性在职场中有些着装上的禁忌必须要引起注意。对于裙长的把握，尤其是超短裙要避免，其长度最低在膝盖以上 10cm 左右。超短的裙子不适合办公室穿着，特别是超短皮裙配大网眼丝袜往往给人传递一种性服务者的暗示。注意服装的适用场合，整体上可按照礼服、常服、户外服和外套四类来划分，不能把户外服用于常服，更不能用在礼服场合，尤其是在夏季，吊带裙、凉拖鞋进入办公室会带来不良的

后果，值得注意的是这种装束在职场中所争得更多的回头率往往是负面的。在正式场合如晚宴、仪式等忌穿露脚趾皮鞋。丝袜的选择最能反映职业女性的着装修养，最保险的选择是本色丝袜或较深色丝袜，原则上公务、商务及以上的正式场合无论任何季节穿丝袜是必要的。忌用大网眼或鲜艳丝袜，最不能接受的是有破洞的丝袜，这就要求在职场或进入社交场合前做细致的检查，此事必做不怠。礼服的级别越高，禁忌会越多，如对于婚纱色彩的选择要慎重，婚纱是欧洲文化遗留下来的国际化社交符号，虽然它用于非公务、商务的社交场所，但它的社交性明显，因此，结婚时婚纱中的错误会影响到本人的职场形象。白色婚纱象征着高雅、纯洁，更重要的是它暗示着唯一性和初始性，第一次结婚时必穿白色婚纱，其他有色婚纱表示二婚，因此卡米拉与查尔斯在婚礼上穿的是浅灰色婚礼服就传递了这个信息（图8-16），这对职业女性来说，可以不用但不能不知。

图8-16 卡米拉浅灰色的婚礼服与查尔斯晨礼服在婚礼仪式上的合影暗示她是第二次结婚

六、轻松掌握色彩规律

正是女士服装搭配的自由度太大，以至于大多数人对于色彩的选择无从下手而信心不足，其实只要掌握要领，这是轻松可以解决的问题。

认识色彩可以从两个方面入手，这就是色彩的社会属性和自然属性，通常它们都不是孤立存在的。包括民族传统、国家政体等因素所影响的地域化象征性色彩偏重于社会属性；国际交往中由国际社会约定俗成的全球化色彩系统，即"THE DRESS CODE"色彩系统偏重于充分解读自然属性的社交色彩系统。每个国家都会有民族偏爱的色彩和国家政治意志的象征色，这种色彩特点的形成是很复杂的，包括历史、文化、宗教等，总体上它的民族性大于艺术性。2008奥运会中国体育代表团开幕式服装的色彩来源于五星红旗——红色为主色中国红，黄色取自五星色，白色取自旗杆色，这可以说是国家民族主义的集中表达（图8-17）。这里着重讲述第二个方面国际惯例的"THE DRESS CODE"色彩系统，它虽然保留了相当多的社会属性，但它是建立在色彩自然属性（第二属性）基础之上的，即保持人的文化特征与自然属性，所以礼仪级别越高，越要控制人的情绪，其标志色就越稳重，如作为正式晚礼服的塔士多标准色为黑色；准礼服的黑色套装标准色为深蓝色；作为常服的西服套装标准色为灰色；运动西装采用了上深下浅的不稳定搭配；休闲西装采用的上下装的自由搭配。因此这种色彩系统虽然带有欧洲文明的地域色彩，但它注入的科学内核，使其具有普世价值而更容易在国际社会推广。这个色彩系统的第二个特点是性别生理特征与色彩的个性特征相吻合，因此，整体上男装色彩规整统一，女装色彩绚烂多变。一个理性发达的社会，国民的色彩修养应该是色彩的社会属性与自然属性相结合更重视它的自然属性，我们看看 2008 年北京奥运会美国体育代表团入场式服装设计理念就不难理解一个发达社会的国民对色彩科学的态度，它也用了美利坚合众国国旗色的元素，但象征远远大于图解，主要使用了星条旗中的深蓝和白，这显然和"THE DRESS CODE"中运动西装（Blazer）标准配色相吻合，星条旗中的红色只在旗手的绶带上，这还是主办方提供的，可见他们的设计理念十分清楚，

图 8-17 北京奥运会中国体育代表团入场
式服装是国家民族主义的表达

图 8-18 北京奥运会美国体育代表团入
场式服装色彩社会属性和自然
属性结合的天一无缝（上图为
规划下图为演绎）

以国际化诠释它的民族意识，这正是发达国家的大智慧（图 8–18）。因此，学习"THE DRESS CODE"色彩系统，至少是掌握了社交色彩在自然属性和社会属性结合上的一般知识。

那么，色彩的自然属性又有何搭配规律？其实将色彩规律高度提炼的话只有两条，就是"多样性统一"和"相互渗透"的色彩协调原则。色彩多样性统一，就是当选择多种颜色搭配时每种颜色都有同一种颜色元素，如浅蓝、浅紫和浅粉组合是协调的，因为它们都由"浅色"统一起来了（图 8–19），一套浅驼色套装配咖啡色衬衣、红色的包和此三色的皮鞋一定是协调的，因为它们中间都含有一种暖色（图 8–20）。色彩的相互渗透通过色彩间的相互流动达到你中有我、我中有你而实现协调，如一件红色毛衣和一条蓝色牛仔裤很难协调，如果配一件有红蓝色的格子衬衣马上变得协调了，"互渗"还可以使少量颜色变得丰富起来（图 8–21）。另外还有色彩倾向的中性色，具有全能搭配功能，如黑、白、灰（图 8–22）。如果将上述自然属性的色彩规律与"THE DRESS CODE"社会属性的色彩番制综合起来会使搭配方案变得无限大。

图 8-19　浅蓝、浅紫、浅粉组合是协调的
　　　　因为它们都浅色系里（多样统一）

图 8-20　驼、咖啡、红组合是协调的因为
　　　　它们都在暖色系里（多样统一）

图 8-21　红毛衣和蓝牛仔裤是
　　　　通过有红和蓝的格子
　　　　衬衣来调和的（互渗）

图 8-22　黑、白、灰组合方案总是
　　　　协调的因为它们的色彩性
　　　　格是中性，因此它们成为
　　　　职场的永恒色

训练题

1.举例说明职业女装如何从历史、规则、细节中学习 THE DRESS CODE 的技巧？指出职业女装"多元表达"的基本格式。

2.为什么说"功能"是现代职业女装的推手？

3."无法而法"的法是针对谁而言？同一个服装类型，女装的"遵纪守法"往往会造成不佳的职场形象，为什么？

4.女性着装时的"逆向思维"，逆"谁"而向？

5.如何理解"多元社交秩序"？职业女装中的"多元"和"秩序"是怎样的关系？

6.指出职业女装最不能犯的社交禁忌。

7.什么是色彩的社会属性和自然属性？社交中它们通常的表现方式是怎样的？

8.请用"多样性统一"和"相互渗透"的搭配原理修正完成下列配色方案（可以考虑通过配服配饰）：红色上衣和绿色裙子、蓝色上衣和黄色裙子、紫色上衣和黄色裤子、红色裤子和黄色衬衣。

后记

　　事实上，以公务商务为主流的社交着装对于我们来说是很生疏的事情。按照商务社交权威的说法，你如果没有在华尔街历练过且成功走出来的人，就永远被这个工商界的主流边缘化。有个实例，一个在中国职场中算是成功者的中国人在华尔街找份工作，虽然一身的西装革履，但面谈的机会几乎为零。还是一位猎头挑开了这层窗户纸：你的一身西装不是全毛的，袜筒又太短，颜色也不对……当他按照华尔街的"行规"照单置办了全套的服装，代价是荷包大出血，刚闯进华尔街，又了解到公司的规定，星期五可以"着便装"（Casual Wear），这下好了，可以让Polo衫、牛仔裤放松一下自己的身体了，这个举动差点得而复失地被逐出去。原来"Casual Wear"可不是随便穿穿，而是"优雅休闲的密约"。这个词可以说是业内古老的商务用语，有着绅士文化的历史渊源，Casual虽然有非正式、便服之意，但Wear暗含特别约定场合的着装和表示有身份的意思，当它们组合起来的时候，几乎成为它们的社交密语，它的深层含义以及可以操控的服装语言，没有在这种环境长期的职场实践，很难成为社交的修养知识和自觉行动。

　　这为写这本书带来不小的困难，就是在权威的文献上、专著里、杂志和教科书中用尽浑身解数也不会感受像华尔街那样的体验和心得。但这一步总要走出去，而且只有用最大的努力把文献好好地研究、整理、分析，打造出一部中国式的"绅士读本"，呈献给中国的公务、商务精英们和跃跃欲试的中产阶级，这些致力修炼成国际化公务商务绅士的探索者们。这虽然有社交生态上实践的不足，但功课做好了就不担心闯不出一片华尔街的天地。因此，本书试图获取引进极具权威的文献、案例，特别是对基于"绅士着装规则"（THE DRESS CODE）的公务商务社交规制的专著、文案、实务作了系统全面的梳理和研究，整理成《优雅绅士》的西服编、礼服编、外套编、户外服编和衬衫编等，"社交着装读本"既是《优雅绅士》丛书其中一编，也是其他各编的集大成者。就公务商务绅士社交知识系统的权威性、专业性、体系化、案例化的文献整理并作了本土化的探索和编撰，在我国是前所未有的，在国际上同类型图书出版中也是少有的。这里要特别感谢为此做出巨大努力的团队成员：王永刚、陈果、万小妹、张婵、周长华、马立金、薛艳慧、李静、胡长鹏、尹芳丽、魏佳儒、赵立、于汶可、朱博伟等。对化学工业出版社为这套六卷本的《优雅绅士》著作的策划、编辑、出版所做的开拓性工作一并衷表谢忱。